周传林　编著

家庭花卉种养100招

JIATING HUAHUI ZHONGYANG 100 ZHAO

广西人民出版社

图书在版编目（CIP）数据

家庭花卉种养100招／周传林编著.—南宁：广西人民出版社，2016.11

ISBN 978-7-219-09616-1

Ⅰ.①家… Ⅱ.①周… Ⅲ.①花卉-观赏园艺 Ⅳ.①S68

中国版本图书馆CIP数据核字（2015）第252526号

责任编辑　梁凤华
责任校对　周月华
美术编辑　李彦媛
印前制作　麦林书装

出版发行　广西人民出版社
社　　址　广西南宁市桂春路6号
邮　　编　530028
印　　刷　广西民族印刷包装集团有限公司
开　　本　787mm×1092mm　1/16
印　　张　15.5
字　　数　235千字
版　　次　2016年11月　第1版
印　　次　2016年11月　第1次印刷
书　　号　ISBN 978-7-219-09616-1/S·88
定　　价　28.80元

前　言

花卉是大自然的精华，它那绰约的风姿，斑斓的色彩，沁人的芳香，把大自然装饰得分外美丽。在快节奏的现代社会，特别是生活在城市里的人，都在寻找一片静谧。鲜花、绿色、自然，是人们的向往。因此，一盆绿植，一盆鲜花，成了大家的最爱。人们用鲜花和绿色植物装点自己的家、办公室，不但美化了环境，增添了生活情趣，而且还有助于身体健康。有了鲜花绿植的陪伴，生活也不再那么紧张单调了，而是代之以舒适、温馨、浪漫。在家中种养几盆自己喜爱的花草，创造出一个花团锦簇的多彩天地，从中领略大自然的风采，享受无穷的乐趣，已成为现代人的一种文明生活风尚。

虽然人们爱花，也爱养花，但是很多人并不真正知道如何正确地养护花卉。比如，不少花卉爱好者买了一盆漂亮的花，没过多久，不是花蕾掉落，就是叶子发黄，不少还有病虫害侵袭。这其中的原因是多方面的，主要还是养护的技巧不够。俗话说“三分种七分养”，光靠晒太阳、浇水、施肥是远远不能满足植物生长需要的，因为种养花卉是一门多学科的学问。比如，不同的居室环境适合养什么花？买花时如何鉴别、挑选？每种花应该多长时间浇一次水、施一次肥？不同季节养花适宜什么样的温度和湿度？给花换盆、繁殖时应该注意什么？出现病虫害怎么办？……面对诸多问题，人们往往无从下手或是没有足够的时间去寻找对策，只能无奈地看着这些可爱的花草生病甚至死去。鉴于此，我们精心编写了这本《家庭花卉种养 100 招》。

本书是一本花卉种养实用小百科，主要介绍适合家庭种养的各种花卉的养护技巧，在结构上分为通论和分论两大部分：第一篇至第四篇为通论部分，主要介绍养花常识、养花操作、病虫防治、季节养护等大家最关心、最实用的养花技术，除简要介绍一些养花的基本理论和概念外，把笔墨重点放在解决“怎么做”的问题上。第五篇至第七篇为分论部分，结合当前人们居住环境的现状，分别介绍一些常见的庭院花卉、阳台花卉、室内花卉的栽培与养护技巧，以期引领读者朋友选择适合自己的花卉。

一花一世界，一草一天地，在花的世界里，处处是令人惊喜的生命力！只要一棵小草，就可以让你拥有一抹林间野趣。想不想进入花花草草的世界？现在就跟着本书一起来探个究竟吧！它就像一本秘籍，把养花高手多年积攒的看家本领一一呈现，哪怕你是初学养花的“菜鸟”，也能在最短的时间里了解高手成功的秘诀。

目　录

一、养花常识篇

二、养花操作篇

三、病虫防治篇

四、季节养护篇

五、庭院花卉篇

六、阳台花卉篇

七、室内花卉篇

一、养花常识篇

各具特色的花卉以其艳丽或高雅的形象，把我们的生活装饰得分外美丽。当今社会，花卉种养已成为一种时尚，在家里动动手、拨拨土，就能采掬大自然的美丽风情，健康又有趣。然而，有些对花卉一知半解的人，总认为花卉栽培起来极其困难，除了烦恼，根本无趣味性可言。其实，种养花卉的第一步在于了解并掌握相关的养花常识，只有这样才能轻松做个快乐的养花人！

1. 花的结构应知道

首先我们来了解一下花的结构，清楚它的组成。

一朵完整的花包括了六个基本构成部分，其中包括：

（1）花梗

花梗又称花柄，是花的支撑部分，从花茎长出，上端与花托相连。其上生长的叶片，称为苞叶、小苞叶或小苞片。

（2）花托

花托是花梗上端生长花萼、花冠、雄蕊、雌蕊的膨大部分，其下面长出的叶片称为付萼。花托常有凸起、扁平、凹陷等形状。

（3）花萼

花萼是花朵最外层生长的片状物，通常呈绿色，每个片状物称为萼片，结构上或分离，或联合。

（4）花冠

花冠是紧靠花萼内侧生出的片状物，每个片状物称为花瓣。花冠有离瓣花冠与合瓣花冠之分。

（5）雄蕊群

雄蕊群由一定数目的雄蕊组成，雄蕊为紧靠花冠内部所着生的丝状物，其下部称为花丝，花丝上部两侧有花药，花药中有花粉囊，花粉囊中贮有花粉粒，而两侧花药间的药丝延伸部分则称为药隔。

（6）雌蕊群

雌蕊群由一定数目的雌蕊组成，雌蕊为花最中心部分的瓶状物，瓶状物的下部是子房，瓶颈部是花柱，瓶口部是柱头。

以上这六个部分中，花梗和花托相当于枝的部分，其余四部分相当于枝

上的变态叶，常合称为花部。一朵花部的四部俱全的花被称为完全花，缺少其中的任一部分则被称为不完全花。

养花小贴士：鲜花保鲜技巧

鲜花买回来以后，若采取下列几个技巧处理，可以使其新鲜度保持较长时间。

（1）百合花，可将其根浸入糖水之中。

（2）山茶花、莲花，可将其根放在淡盐水之中。

（3）菊花，可在花枝的剪口处涂上少许的薄荷晶。

（4）郁金香，可将数枝扎起来，用报纸包住再插入花瓶中。

（5）梅花，可把花枝纵向切成“十字形”口再浸入水中。

（6）蔷薇花，可用打火机在花枝的剪口处烧一下，然后插入花瓶中。

（7）杜鹃花，用小锤把花枝的切口击扁，再浸泡在水中2～3小时，然后取出插入花瓶内即可。

此外，若是鲜花已经出现了垂头现象，可把花枝的末段剪去约1厘米，将花枝浸入盛满冷水的容器，只把花头露出水面，约2小时后，鲜花便能“苏醒”过来。

2. 了解花卉的种类

花卉种类繁多，为便于人们栽培、管理、利用和研究，分类学家根据不同需要提出了多种分类方法。与养花关系较密切的分类方法有三种：

（1）按形态与习性分

花卉按形态特征与生长习性，可分为草本花卉和木本花卉两大类。

①草本花卉包括一二年生花卉、宿根花卉、球根花卉、水生花卉、多浆多肉类花卉以及地被和草坪植物。

②木本花卉包括乔木、灌木、藤本、竹类。

（2）按观赏部位分

花卉按观赏部位，可分为观花类、观叶类、观果类、观茎类、观芽类等五类。

①观花类：以观赏花色、花形为主，如菊花、牡丹等。

②观叶类：以观赏叶色、叶形为主，如变叶木、龟背竹等。

③观果类：以观赏果实为主，如金橘、佛手等。

④观茎类：以观赏茎干为主，如佛肚竹、山影拳等。

⑤观芽类：以观赏芽为主，如银柳等。

（3）按目的和用途分

花卉按栽培目的和用途，可分为室内花卉、切花花卉、庭园花卉、药用花卉、香料花卉、食用花卉等六种。

①室内花卉：从众多的花卉中选择出来的，具有很高的观赏价值，比较耐阴而喜温暖，对栽培基质水分变化不过分敏感，适宜在室内环境中长期摆放的一些花卉，如君子兰、竹芋等。

②切花花卉：如香石竹、马蹄莲等。

③庭园花卉：适合在庭院环境下生长的花卉，如月季、丁香等。

④药用花卉：其花具有重要的药用价值，如月见草、金银花等。

⑤香料花卉：可在食品、轻工业等方面用途很广的香花，如玫瑰、茉莉等。

⑥食用花卉：可直接食用花的叶或花朵，如百合、石榴等。

养花小贴士：巧用蔬菜废弃物作观赏植物

利用蔬菜废弃物，也可以种植出饶有趣味的观赏植物。诸如胡萝卜、甜菜等各种根菜类蔬菜的顶部，都是用来栽培的好材料。

如利用胡萝卜头可制作一株悬吊观赏植物，其方法是：选择一根色鲜、粗壮的胡萝卜，连同顶部的叶芽一起，切下7～10厘米长，然后用刀挖去切口处的中心部分，使其成为一个深约5厘米的漏斗形，将它倒挂起来，再浇满水，置于光线充足处。1周后，顶后叶芽便会开始往外长，形成一株姿态优美、红绿分明的观赏植物。

山芋也可以作为一种室内观赏植物。其制作方法是：选择一块壮实的芋头，把长根的一头浸泡在盛有水的玻璃容器内，放在阳光充足的窗前，长根之后加一定的沙泥或河泥把根部固定住，1个月后就会长出一株形态别致的植物来。

荸荠、慈姑、藕等也可以栽培成观赏植物。

3. 家庭养花益处多

家庭养花可以装饰居室、净化空气、美化环境，缓解人们紧张的情绪。

（1）美化环境

花卉本身具有丰富的形态和鲜艳的色彩，居室放置一盆花卉，人们可以观其叶、赏其花、嗅其香，陶醉其中，为生活增添美；而花卉也常成为居室中的重要点缀物，是居室一道靓丽的风景线。

另外，花卉作为一种可移动的围合空间的元素，广泛应用于限定室内空间及填充空间，提供隔断、转换空间的手法，可以使空间形成大和小、封闭与开敞的对比变化，为不同功能的空间提供分割条件。

（2）净化空气

许多植物可以净化空气。据美国科学家威廉·沃维尔的研究发现：在 24 小时照明条件下，芦荟可去除 1 立方米空气中 90%的甲醛，常春藤可吸收 90%的苯，吊兰能吸收并转化 96%的一氧化碳、86%的甲醛。

植物还可以增加室内负离子浓度，富含负离子的环境会使人觉得清新愉悦。据测定，在一间屋内摆放 20 株植株可使负离子数目增加 4～5 倍。有些花卉如兰花、天竺葵、花叶芋等，还可以分泌植物杀菌素，使有害细菌死亡。

（3）有利健康

花卉中含有丰富的维生素，用花卉做的佳肴，如梅粥、莲粥、黄菊花饭、桂花羹等，因其营养丰富、清香四溢而受到人们的喜爱。另外，有些香花植物散发的气味有助于健康，如橘花的香味有助于治疗头痛、感冒，玫瑰花有助于治疗牙痛等。

从事家庭园艺活动劳动量轻，有动有静，尤其适合老年人。在花丛中一边闻着花香，一边松土、浇水、换盆等，既调节了情绪，又增加了身体肌肉

和骨骼的活动量。国外专家对千名中老年女性做了调查，发现每周做2.5小时园艺工作的女性，身体充满活力，不易发胖，体质更为健康。

养花小贴士：花卉的四季搭配

让居室四季如春，可以根据花卉的习性来搭配。

(1) 春：春天开花植物较多，如茶花、杜鹃、梅花、洋水仙、迎春等，可以再配些观叶植物和山石盆景。

(2) 夏：夏天以香花植物和冷色系花卉为主，如白兰、米兰、茉莉、鸢尾、八仙花等，可配些观叶植物和草本花卉。

(3) 秋：秋天以观果植物为主，如石榴、火棘、金橘、盆栽葡萄等，可配些彩叶植物，如枫香、一品红、三角枫、红枫、羽毛枫、银杏、洒金桃叶珊瑚等，还可配些草花和树桩盆景。

(4) 冬：冬天以观叶植物为主，配些时令花卉和山石盆景，观叶植物要选择四季常青、耐寒性较强的种类，如苏铁、棕竹、散尾葵、橡皮树、巴西木、春芋、一叶兰、吊兰等，时令花卉有仙客来、君子兰、一品红、朱顶红、瓜叶菊、报春花、水仙等。

4. 家庭养花须“六戒”

家庭养花现在已越来越普遍，但许多养花爱好者由于不得要领，把花养得蔫头蔫脑，毫无生气。要如何改善这种情况呢?

(1) 戒漫不经心

花卉和人一样，是有生命的，需要细心呵护。不少养花者对待这些美丽却脆弱的生命缺乏应有的细心和勤勉的态度。

他们一是脑懒，不爱钻研养花知识，长期甘当门外汉，管理不得法。二是手懒，不愿在花卉上花过多的时间和精力。

花卉进家后，便被冷落一旁，长期忍饥受渴，经受病虫害的折磨。这样一来，再好的花儿也会渐渐枯萎。所以懒人是养不好花的。

(2) 戒爱之过殷

与上述情形相反，有些养花者对花卉爱过了头，一时不摆弄就手痒。有的人浇水施肥毫无规律，致使花卉过涝过肥而死；有的人随便把花盆搬来搬去，一天能挪好几个地方，搞得花卉不得不频频适应环境，打乱了正常的生长规律。

(3) 戒良莠不分

有些养花者喜欢贪多求全，不拘品种，见到了就往家里搬，这样不但给管理带来了难度，还会把一些不宜在室内种养的花卉带进家中，污染环境，损害健康。

比如汁液有毒的花卉，人接触了容易引起中毒。还有些花卉的气味对人的神经系统有负面影响，容易引起呼吸不畅甚至过敏反应。外观生有锐刺的植物对家人安全也存在一定的威胁。

总之，家庭养花不宜贪多求全，良莠不分，应选择一些株形较小、外形

美观、对人体无害的花卉来养。

（4）戒追名逐利

一些花卉爱好者认为养花就要养名花，因为名花观赏价值高。在这种心理支配下，他们不惜重金，四处求购名花名木。结果往往是由于缺乏良好的养护条件和管理技术，使花买来不久便夭折，既作践了名贵花卉，又浪费了钱财。这是一种观念上的误区。

（5）戒朝三暮四

有些养花者缺乏耐心，总是心浮气躁，养花浅尝辄止，花的种类换来换去。这种做法，不仅不利于培养出株形优美、观赏性高的花木，而且不利于养花技术的提高。

养花者最好选准一两种花，重点钻研培育，才能有所收获。

（6）戒观念不新

现在养花的新知识、新技术在不断地更新，但很多养花者的养花观念却停留在传统的养护方法上，不善于利用新技术、新设备，比如无土栽培、无臭花肥以及各种花器等。结果因养花导致家中出现各种怪味，养的花也不美观。

养花小贴士：忌室内摆放有毒性的花卉

夹竹桃在春、夏、秋三季，其茎、叶乃至花朵都有毒，它分泌的乳白色汁液含有一种夹竹桃苷，误食会中毒；水仙花的鳞茎中含有拉丁可毒素，如果小孩误食后会引起呕吐等症状，叶和花的汁液可使皮肤红肿，若汁液误入眼中，会伤害眼睛；含羞草接触过多易引起眉毛稀疏、毛发变黄，严重时能引起毛发脱落等。

5. 影响花卉生长的因素——光照

光照是植物制造有机物质的能源，没有光的存在，光合作用就不能进行，花卉的生长发育就会受到严重影响。大多数花卉植物只有在充足的光照条件下才能花繁叶茂。不同种类的花卉对光照的要求是不同的。花谚云：“阴茶花、阳牡丹、半阴半阳四季兰。”在栽培实践中根据花卉对光照强度的不同要求，大体上可将花卉分为以下四大类。

（1）强阴性花卉

原产于热带雨林、山地阴坡、幽谷涧边等阴湿环境中的花卉，这类花卉在整个生长发育过程中，忌阳光直射，在任何季节都需遮阴，如蕨类植物、兰科植物、天南星科观叶植物等。如果处于强光照射下，就会造成枝叶枯黄，生长停滞，严重时甚至整株死亡。

（2）阴性花卉

原生活在丛林、林下疏阴地带的花卉，如杜鹃、山茶、棕竹、蒲葵、秋海棠、君子兰、文竹、万年青等。这类花卉在夏季大都处于半休眠状态，需要在荫棚下或室内养护，而冬季则需要适当光照。

（3）中性花卉

大多数原产于热带或亚热带地区的花卉，如白兰、茉莉、扶桑、栀子等，在通常情况下需要光照充足，但在盛夏日照强烈的季节，略加遮阴则会生长得更加良好。

（4）阳性花卉

这类花卉在整个生长过程中需要充足的光照，不耐阴。露地一二年生花卉、宿根花卉和落叶花木类均属于阳性花卉。多数水生花卉、仙人掌及多肉植物都属于阳性花卉。观叶类花卉中也有一部分阳性花卉，如苏铁、棕榈、

变叶木、橡皮树等。这类花卉如果光照不足或生长在阴暗环境下，则枝条细弱，节间伸长，枝叶徒长，叶片淡黄，花小或不开花，而且很容易遭受病虫危害。

同一种花卉在其生长发育的不同阶段对光照的要求也不一样，有的从细苗到成熟开花需光量逐渐增加；有些花卉对光照的要求随季节的变化而有所不同，如仙客来、倒挂金钟、天竺葵、君子兰等，在夏季需要适当遮阴，而在冬季又需要充足的光照才能生长发育良好。

合理利用光照条件和巧妙地调节光照，是花卉栽培的重要技艺。在光照达到花卉生长需要的同时，适时适度调节光照，可以使花卉保持鲜艳。栽培实践证明，各类阳性花卉，如菊花、芍药、牡丹、大丽花等在花期适当减弱光照，不仅可以延长花期，而且还能使花色更加艳丽。又如绿色花卉、白色花卉，花期适当遮阴，就会使花色碧绿纯正、洁白如玉，否则容易褪色，影响观赏价值。

养花小贴士：利用花卉的向光性

由于一些花卉茎尖生长点制造的生长素，是由顶端向下输送的，而且向光面与背光面输送的比例不同，生长素输送多的一面生长快，少的一面则慢，因此就容易使植株偏向一方生长。通常把这种现象叫作“向光性”。例如，天竺葵茎向光的一面向下输送的生长素为65%，背光的一侧输送为35%。

根据花卉的这一特性，要使植物长得匀称、端正，保持株形美观，就需要经常变换盆花摆放的方向，通称转盆。例如天竺葵、瓜叶菊、朱顶红、倒挂金钟、君子兰等，须约每周转盆1次。在花卉生长旺盛时期，则须每隔3～5天转盆1次。

6. 水分对花卉生长的影响

水是植物体的重要组成部分，是植物传输养分，进行生理活动和生化反应的必要条件，花卉更是如此。受原产地的雨量等气候因素影响，花卉种类不同，需水量有极大差别，并在形态和生理机制上形成了各自的特点。根据花卉对水分的不同需求，我们通常将其分为水生花卉、湿生花卉、中生花卉、半旱生花卉和旱生花卉五种类型。

（1）水生花卉

所谓的水生花卉是指生长在水中的花卉。如荷花、睡莲、王莲、菖蒲、水竹、水葫芦等，这类植物在水面上的叶片较大，在水中的叶片较小，根系不发达。此类花卉一旦失水，叶片会立刻变得枯黄，花蕾萎蔫。如果不及时浇水，很快就会死亡。

（2）湿生花卉

所谓的湿生花卉多产于热带雨林或山间溪边，这类花卉适宜在土壤潮湿或空气湿度较大的环境中生长。这类花卉有水仙、龟背竹、兰花、马蹄莲、鸭舌草、万年青、虎耳草等。叶大而薄、柔嫩多汁，根系浅且分枝较少。如果生长环境干燥、湿度小，会变得植株矮小、花色暗淡，严重的甚至死亡。对这类花，要勤浇水，保持土壤的湿润状态。

（3）中生花卉

绝大多数的花卉都属于中生花卉，这种类型的花卉对湿度有较严格的要求。过干或过湿条件都不适宜植物的生长。但因为花卉种类的不同，耐湿程度差异很大。比如桂花、白玉兰、绣球花、海棠花、迎春花、栀子、杜鹃、六月雪等都属于此类。对这类花要保持一半土壤含水。

（4）半旱生花卉

半旱生花卉的叶片一般呈革质、蜡质，针状、片状，或具有大量的茸毛。比如山茶、杜鹃、白兰、梅花以及常绿针叶植物等。它们具有一定的抗旱能力。对这类花卉浇水要浇透。

（5）旱生花卉

这类花卉原产于热带干旱地区、荒漠地带、雨季和旱季有明显区分地带。比如仙人掌、仙人球、景天、石莲花等。它们拥有十分发达的根系，叶小、质硬、刺状。给这类植物浇水要宁干勿湿。如果水分过多或空气相对湿度太高，会使该类花卉的根系腐烂或发生病害。

空气湿度也会影响到花卉发育。比如旱生、半旱生花卉对湿度的要求很低。中生花卉要求湿度在中等水平。原产于热带雨林的观叶植物对湿度的要求非常高。

只有掌握了不同花卉与水分的关系特征，把握好干湿分寸，我们才能创造一个五彩斑斓的花卉世界。

养花小贴士：防止盆花淋雨

很多盆花不宜淋雨，在培育过程中应多加注意。

（1）君子兰：君子兰淋雨后会将各种细菌和灰尘带入植株中心，在通风不良和温度高的情况下容易变成病株，它的叶片会从叶基部开始一步步腐烂。

（2）倒挂金钟：在夏季进入半休眠状态的倒挂金钟，不能用过湿的盆土，淋雨后也容易脱叶烂根。

（3）大丽花：其根为肉质根，盆土内含水量太多又加上通风不良，很容易造成烂根。

（4）瑞香：其根为肉质，恶湿耐干，适宜选在干爽处种植，夏天一旦遭风雨袭击，很快就会萎蔫甚至死亡。

（5）大岩桐：受雨淋后的大岩桐叶子易发黄，根块也会腐烂。严重时还会整株死去。

（6）文竹：对盆土的要求是恶湿耐干，盆内水分太多或者是雨后积水，都会造成枝叶枯黄或烂根。

（7）四季海棠：盛夏时，处于休眠状态的四季海棠一般不需要过量的水分。若受雨水浸泡过久，根部很容易腐烂。

7. 花卉生长与温度的关系

任何一种花卉的成长都需要有适宜的温度，温度会直接影响花卉的生长发育。一般原产于热带地区的植物就需要较高的温度，而产于寒带的植物在极低的温度下，仍然能够正常生长。

根据不同花卉的抗寒性不同，可以把花卉分为以下三大类。

（1）耐寒性花卉

这类花卉大多原产温带或寒带地区，主要包括露地二年生花卉、部分宿根花卉、部分球根花卉等。此类花卉抗寒力强，能耐－5～－10℃低温，甚至在更低温度下亦能安全越冬。如二年生花卉中的三色堇、雏菊、羽衣甘蓝、矢车菊、金鱼草、蛇目菊、金光菊等，多年生花卉如蜀葵、玉簪、一枝黄花、耧斗菜、荷兰菊、菊花、郁金香、风信子等。

（2）半耐寒性花卉

大多原产温带南缘和亚热带北缘地区，耐寒力介于耐寒性花卉与不耐寒性花卉之间，通常能忍受较轻微霜冻。但因种类不同，耐寒力也有较大差异。常见种类有紫罗兰、金盏菊、桂竹香、鸢尾、石蒜、水仙、万年青、葱兰、香樟、广玉兰、梅花、桂花、南天竹等。此类植物在北方引种栽培时，应注意引种试验，选择适宜的小气候和抗寒品种，冬季要有针对性地加以保护，尤其对一些种类如广玉兰、香樟、夹竹桃等更应慎重。

（3）不耐寒性花卉

多原产热带、亚热带地区，包括一年生花卉、春植球根花卉、不耐寒的多年生常绿草本和木本温室花卉。一年生花卉生长期间要求高温，其生长发育在一年中的无霜期进行，春季晚霜后播种，秋末早霜到来前死亡，如鸡冠花、万寿菊、一串红、紫茉莉、麦秆菊、翠菊、矮牵牛、美女樱等。春植球根花卉也属不耐寒性花卉，如唐菖蒲、美人蕉、晚香玉、大丽花等。

一般来说，耐寒性强的植物，耐热性就会相对较弱。水生花卉一般耐热性都非常强，其次是一年生草本花卉和仙人掌类植物，再次是木本花卉。耐热性最差的有仙客来、秋海棠、倒挂金钟等。

所以，对抗寒性花卉要给它提供凉爽的环境，并且注意通风。抗热性强的植物则要保持其生长的高温条件，保证花卉正常生长。

养花小贴士：夏天怎么给花降温？

大多数花卉生长的适宜温度为20～30℃，夏季的高温会影响花卉根系的吸收功能，导致其枯萎。养花爱好者们可以找点海绵碎块，拿布包成若干个小球，放在桶中吸足水再放置到植物的枝干上，叶多的植株可以多加几个，气温高时可以多吸几次水，这样降温既简便又卫生。

8. 给花卉一张合适的床——土壤

土壤是植物赖以生存的基础，其中长期贮存着丰富的营养物质和微生物，能够源源不断地供给花卉生长发育的养料，同时它还起到固定植株的作用。土壤的通气情况、温度高低、含水量大小以及肥力、酸碱度等因素的不同会直接影响到花卉生长。

（1）土壤对花卉的重要作用

土壤中的有机质是土壤养分的主要来源，有机质含量高的土壤，不仅肥力充分而且物理性能也好，有利于花卉生长。

土壤的酸碱度决定土壤的微生物活动及理化性质，不同花卉品种对土壤酸碱度要求不同。大多数花卉均适宜中性土壤，而兰科、杜鹃花科、凤梨科等花卉喜酸性土壤，要求酸碱度在 6 以下。油松、金盏菊等适宜在碱性土壤中生长，一般酸碱度在 7 以上。

因为家居生长花卉都是栽在盆中，花卉的根系只能在一个很小的土壤范围内活动，所以对土壤的要求比露地花卉更为严格。一方面要求养分尽量全面，在有限的盆土里含有花卉培育所需要的营养物质；另一方面要求结构要疏松，吃水能力强，酸碱度适中，保肥性要好。有时需要根据盆栽花卉的不同要求人工配制培养土。

有些人因为不了解花卉对土壤的需求，培育盆花时，长期不换盆换土，致使土壤性状恶化、通气透水性差、营养元素缺乏，从而导致花卉生长不良，叶片发黄，开花少，甚至不开花，因此，要养好盆花，需要注意适时换盆换土。

任何一种天然的土壤都不能为盆花提供理想的生存条件，所以，盆花用土需要选用人工配制的培养土。这种培养土是根据花卉植物不同的生长习性，把两种以上的土壤按一定比例混合在一起使用，当然有些土壤还要加入木屑、稻壳或者泥炭等栽培基质，以满足不同花卉生长的需要。

(2) 无土栽培

现在有很多花卉采用无土栽培，即栽培花卉不用土壤，而是用各种培养基质和营养液。花卉通过直接吸收营养液中的养分进行生长发育，营养液又成为花卉新的成长温床。

营养液是用无机肥料调配而成，经过了消毒，清洁干净，还可以大大减少病虫害的发生。在家中用营养液养花，是个非常好的选择，免去了换盆、除草、松土等麻烦，省时省力。

(3) 无土栽培所需基质

无土栽培基质的作用是代替土壤把花卉植株固定在容器内，并能提供其正常生长的营养液和水。目前国内外家庭养花常用的无土栽培基质主要有砂、砾石、蛭石、珍珠岩、玻璃纤维、泡沫塑料、岩棉等。

泡沫塑料，质地很轻，并且在单位体积内可容纳大量水分。一般不能单独使用，常与砂等混合使用。

玻璃纤维，清洁卫生、吸水性强，能贮存大量空气，并能支持植物的根避免其倒伏。

无土栽培的基质长期使用容易滋生病菌，危害花卉生长，所以每次栽培后都要进行消毒处理。可以用1%浓度的漂白粉液浇在基质上浸泡约半小时，然后再用清水冲净，以去除留下的氯。经过消毒后的基质可以重新使用。

养花小贴士：如何改变土壤的性质？

酸性过高的土壤，可在泥土中加添一些石灰粉或草木灰；碱性过高的土壤，可以加入一些硫酸铝或硫酸亚铁等。比如栽培月季花时发现泥土中酸性过高，就可在土中加入少许石灰粉；如果发现杜鹃、茶花、栀子花等叶子缺铁泛黄，可以用硫酸亚铁掺肥施入；栽培多肉植物类的花木，可用同等数量的山泥、河沙、草木灰拌和成混合土，这样既能起中和作用又能起到排水的作用。

9. 花卉需要呼吸——空气

花卉和人一样，也需要呼吸，空气是花卉生长呼吸不可或缺的一个重要条件。空气的成分为氧 21％、氮 78％、二氧化碳 0.03％，还有其他气体和水蒸气。

（1）氧气

花卉植物和动物一样，在其生命活动中昼夜都要吸进氧气，放出二氧化碳，因此花卉只有在通气条件良好的条件下才能茁壮生长。种子发芽需要氧气，如果将种子长时间泡在水中，就会因缺氧，呼吸困难而不能发芽。

（2）二氧化碳

二氧化碳是光合作用的原料。光合作用是绿色植物的叶子在阳光的照射下，叶内组织的叶绿体等光合色素吸收太阳光能和二氧化碳、水分与无机盐类，转化成有机物，并释放出氧气的过程。花卉在不断地进行光合作用的同时，还要进行呼吸作用。呼吸作用是将光合作用的产物转变为花卉发育所需要的物质。花卉不停地吸进氧气，将体内的有机物氧化分解成为二氧化碳和水，并释放出花卉必需的大量能量。因此呼吸作用是光合作用所需能量的供给者，而光合作用是呼吸作用的基础，二者是相互依赖的。光合作用又称为同化作用，呼吸作用称为异化作用。花卉进行两种作用时均需二氧化碳。

（3）空气湿度

花卉对空气湿度有一定的要求。如空气湿度过大，易使枝叶徒长，花瓣霉烂、凋落，并易引起病虫害。开花期湿度过大，可有碍开花，影响结果等。如空气湿度过小，会使花期缩短，花色变淡。

喜湿花卉如兰花、龟背竹、杜鹃、秋海棠、蕨类等，均需保证较高的空气湿度，约 70％～80％。中湿花卉如茉莉、米兰、含笑、叶子花、桂花、白兰花、扶桑等，空气湿度不低于60%，中湿花如果处在干旱的环境中，叶子就会发黄或发红，变小、变薄并卷曲，或叶片干焦。喜干旱的花卉如令箭、昙花、仙人球及多浆多肉植物等，如空气湿度过大，则表皮易变薄，出现腐烂、凋萎。

养花小贴士：防止幼苗凋谢

购买花苗时，有时会因为时间或天气的原因，回到家里时，花苗枝叶已开始凋谢。应尽量保持花苗原有的土壤质量，再用疏松和吸水性较强的瓦坑纸包好根与泥，并弄湿，然后用胶袋包住泥团，使其保持温润。

10. 肥料：花卉生长所需的营养

花卉所需要的营养大多来自于肥料。一般来讲，新鲜花卉含有5%～25%干物质。如果把这些干物质煅烧后就会发现，花卉有机体是由多种营养元素构成的。施肥的目的就是补充土壤中营养物质的不足，以便及时满足花卉生长发育过程中对营养元素的需要。

我们常称氮、磷、钾为花卉肥料三要素。下面是这三种要素在花卉生长过程中的作用。

（1）氮

氮肥也称叶肥。它能使植物生长迅速，枝叶繁茂，叶色浓绿。幼苗期的观叶花卉，应以施氮肥为主。植株生长前期，即营养生长期，不能缺氮。一般多在春季至初夏施用，如在植株生长发育停止时，再继续施用氮肥，会使茎叶徒长，植株难以成熟，影响开花结果，且茎叶柔弱，易遭病虫害。所以，在植株进入花芽分化期前，应停施用氮肥。硫酸铵、尿素等都是氮肥。

（2）磷

磷肥也称果肥。它能促进花芽分化和孕蕾，使花朵色艳香浓，果大质好，还能促进植株生长健壮。在植株生殖成长期，施用最为有效。因而花卉在开花前、结果后，可多施磷肥。植株对磷肥的吸收能力有一定限度，且植物具有在体内贮藏磷肥的能力，因此，可以一次施足在基肥中。磷酸钙、磷酸二氢钾、磷矿粉等都是磷肥。

（3）钾

钾肥也称根肥。它能使茎干、根系生长茁壮，不易倒伏，增强抗病虫害和耐寒能力，是植株发育前期不可欠缺的。在幼苗期、抽梢期和苗木移栽后，可多施钾肥。在植株发育后期，钾肥有助于光合作用的完成，对水化合物的产生具有重要的作用，尤其对可以大量储存碳水化合物的球根花卉，作用更为显著。长期放在室内的花卉，由于光照不足，光合作用减弱，可大量施用钾肥。钾肥不会因施用过量而产生肥害。草木灰、氯化钾、硫酸钾等都是钾肥。

养花小贴士：如何判断花卉缺乏营养?

花卉缺乏营养素有许多先兆，要及时采取救护措施。

(1) 缺钾：老叶会出现棕、黄、紫等色斑，而叶子也由边沿向中心变黄，叶枯之后极容易脱落。

(2) 缺镁：老叶逐渐变黄，而叶脉还是绿色，花开得也很小。

(3) 缺铁：新叶的叶肉会变黄。

(4) 缺钙：容易使顶芽死亡，叶沿、叶尖也枯死，叶尖会弯曲成钩状，甚至根系也会坏死，更严重时全株会枯死。

(5) 缺氮：植株发育不良，而下部老叶会呈淡黄色，并逐渐变干枯以至呈褐色，可是并不脱落。

(6) 缺磷：其植株会呈暗绿色，老叶的叶脉会变成黄色，叶易脱落。

如出现上述几种情况，可采取以下方法加以改善：

首先，要按时换盆并施基肥。在换盆时要用机质丰富的土壤。

其次，可以在花卉生长盛期施液肥，一般每隔10天可施肥1次。

二、养花操作篇

种养花卉对于忙碌的现代人来说，实为一种放松压力和有益身心的活动。然而，在种养花卉的过程中会遇到这样那样的问题，如花盆的选用、如何给花浇水、怎样修剪花卉、施肥有哪些方法、如何使花卉进行繁殖等，诸如此类问题使许多初学养花者无所适从。因此，这就要求养花者在了解了花卉生长习性的同时，还须掌握科学的花卉栽培技能。只有这样才能使家中花卉生机盎然。

11．选购花卉的原则

从市场上买花，要注意花卉的质量和品种。缺乏养花经验的初学者，最好不要买小苗、落叶苗木。因为一方面不容易养活，另一方面容易买到假苗。也不要买刚扦插不久的，因为不容易活。在买花的时候，要遵循以下七个原则：

（1）观察整体效果

从花卉的整体外观上观察，如花卉的形态特征、植株的高度、新鲜程度、生长状况等方面是否良好，植株的大小和盆的大小是否相称。

（2）观察花部状况

观察花的生长状况，包括花的大小和数量，花苞是否饱满，花色是否鲜艳，花型是否完好、整齐，花枝是否健壮等。一般购买观花类植物可以买有花苞但没有开放的花卉，这样就能保证花卉有一定的观赏时间。

（3）观察茎叶状况

观察花卉的茎叶生长状况，包括茎枝干是否健壮，分布是否均匀，有没有徒长枝、秃脚或枝干上有伤口、受损折断现象，叶片排列是否整齐、均匀，是否有枯枝或黄叶、残叶。健康的花卉叶色浓绿、光泽鲜艳。

（4）观察有无病虫害状况

观察花卉上是否有病虫害留下的痕迹，比如有虫卵或者叶子残缺处是否有虫子的痕迹。还要观察叶片上有没有黄斑、病斑现象。

（5）观察破损状况

指植株在生产、流通过程中引起的折损、擦伤、压伤、水渍、药害、灼伤、褪色等状况。根部受伤多、带泥少的不要买。

（6）观察土壤情况

看土壤是新还是旧，主要看上盆时间，以购买上盆时间较长的盆花为佳。

上盆不久的花卉，根系因受到损伤，容易受到细菌的侵入，如养护不当，就会影响花卉的成活和生长。可以在买花的时候晃动花盆，如果花卉根部土壤有松动，就说明是上盆不久的。买仙人掌等多浆类植物要看它的土壤是否干燥，不要买盆土潮湿的，因为在潮湿环境中，这类植物很容易烂根。

（7）挑选好买花的时间

不同的季节买不同的花，比如春天购买多浆类花卉容易成活。栽培难度大的花卉在晚春到仲秋之间买比较好，这个时期有利于花卉的成活。

养花小贴士：根据家里的环境来选择花卉

如果想要在屋子阴面摆放花卉，那么在选择花卉的时候，就不要选择喜阳的花卉，而要选择一些耐阴花卉，例如万年青、君子兰、龟背竹、水塔花、金鱼花、金红花等。如果想在一处有阳光但不直射的地方摆放花卉，可以选择文竹、倒挂金钟、花叶万年青、蟹爪兰等。如果摆放花卉的地方有时候阳光能够直射到花，可以选择山茶花、吊兰、变叶木、凤仙等。如果摆花的地方阳光可以直射到，那么就可以选购那些喜阳的花卉，例如发财树、百子莲、苏铁、茉莉、菊花等。

12. 家庭养花常用的工具

家庭养花使用的工具相对较少，但是，也不能忽视工具，否则，栽种或养护起花来就费劲得多。以下是一些养花的常用工具：

（1）花铲

用来移苗、挖坑、换盆，给花卉松土、配土等。

（2）小镐

用来松土、翻土。也可以用小耙松土，可以把家用的金属丝弯曲成耙状使用。

（3）喷壶

用来给花卉浇水。购买喷壶要选择容积稍大的，以便保证有充足的水量；喷壶嘴要长些，以方便浇灌；喷嘴可以拆卸，以便喷花和浇灌大盆花。

（4）竹夹子

用于移植或嫁接带刺的花卉或夹小苗、捉虫。也可以使用镊子，不过使用镊子的时候用力不要太大，以免伤害到花卉。

（5）枝剪、花剪

枝剪用来修剪木本花卉或扦插繁殖，花剪用来修剪草本花卉或扦插繁殖。如果花卉枝干不是很粗，可以使用家中常备的剪刀。

（6）嫁接刀

用于植株嫁接。分为劈接刀、切接刀和芽接刀三种。

（7）喷雾器

用来给花朵喷药。喷壶和喷雾器最好分开使用，因为喷雾器中常含药物。器物内残留的药物对不同的植物影响不同，可能影响到一些花卉的生长。

（8）筛子

用来过滤、配制培养土。

（9）种子瓶

用来储存种子。

（10）工作手套

日常护理或栽种花时，要注意使用工作手套，以免手被肥料弄脏或者被刺扎伤。

（11）塑料小棚

遮盖花卉，用于庭院中的花卉保湿。

（12）竹帘或黑布

用来遮盖花卉，为其遮阳。

（13）塑料薄膜

用来遮盖花卉，为其保温。

（14）花架

插在花卉旁，为蔓性植物提供攀岩空间，支持花朵较大的花卉。

（15）小陶罐

用于储备一些碎鱼骨、碎蛋皮等，可以把小罐封闭起来，不至于发出异味，还能自制肥料。

养花小贴士：简易花架的制作

家庭养花超过一定数量后，为了节省花盆的占地面积，可以制作花架，这样盆花的布置就合理得多了，管理也方便得多。制作简易花架可在地面上用砖砌一砖宽的阶梯，每层放一块厚木板。花架一般设三四层，可按花木的特性进行摆放，喜阳的放在阳面，喜阴的放在阴面。

13. 花盆的选用：好花需用好盆栽

花盆的基本状况对花卉的生长影响很大，依据花卉根系的大小和花卉本身对土壤的要求，选择合适的花盆很有必要。目前使用的花盆按制作材料的不同，可分为瓦盆、紫砂盆、塑料盆、瓷盆、木桶盆、水养盆、纸盆等。

(1) 瓦盆

瓦盆通常由黏土烧制而成，是最为常见的一种花盆，通常有红盆及灰盆两种。瓦盆养花有很多优点，不仅价格便宜实用，而且因盆壁上有许多微细孔隙，透气渗水性能很好，这对盆土中肥料的分解、根系的呼吸和生长都有好处。缺点是质地粗糙，色彩单调，搬运不便，容易破碎。瓦盆通常为圆形，大小规格不一，一般最常用的盆其口径与盆高大约相等。因栽培种类不同，对盆的深浅要求也不同，一般球根盆、杜鹃的盆较浅，在种植君子兰类的植物时候要用较深的盆，而在播种或者移植的时候要选择较浅的盆。

(2) 紫砂陶盆或彩画瓷盆

紫砂陶盆或彩画瓷盆具有色彩艳丽、造型美观、透气性能强等优点，非常适宜种植花卉。尤其是在栽培观赏类花卉的时候，能大大提高花卉的观赏效果。紫砂盆的种类很多，有方形、圆形和签筒形等。盆底下有脚，便于排水，还增添了盆体的空间感。盆色丰富，盆壁上有各种图案、绘画和书法。但由于价格昂贵，且笨重易碎，所以除栽名贵的花卉和树桩盆景外，一般情况下多不采用。

(3) 塑料盆

塑料盆质料轻巧，又比较结实，不易碎，但不透气渗水，所以应注意培养土的物理性状，使之疏松透气，以克服此缺点。塑料盆最适宜栽种耐水湿

的花卉，如马蹄莲、旱伞草、龟背竹、广东万年青等，或较喜湿的花卉，如吊兰、紫鸭跖草、吉祥草、秋海棠等。

（4）瓷质花盆

瓷质花盆外壁涂有色釉，不透气渗水，不易掌握盆土干湿情况，尤其在冬季休眠期，常因浇水过多而使花木烂根死亡。因此，瓷质花盆不适于栽植花卉，一般多作厅堂、会客室花卉陈设的套盆用，也可以用作盆景用盆，但效果不如紫砂盆好。

（5）木桶盆

木桶盆用来栽种大型花木，它比大缸轻便，又不易破碎，不过家庭用得不多。

（6）水养盆

水养盆专用于水生花卉盆栽，盆底无排水孔，盆面阔大而较浅。球根水养用盆多为陶制或瓷制的浅盆，如我国常用的“水仙盆”。某些花卉亦可采用特制的瓶子专供水养之用。

（7）纸盆

人们对纸盆的认知度较低。其实，纸盆是经人工糊制而成的，仅供培养幼苗用，特别用于不耐移植的花卉种类，如香豌豆、虞美人等在露地定植前，先在室内纸盆中育苗，然后带土坯栽植。

有的人认为，栽植花卉的花盆越大越好。这似乎颇有道理，花盆大，放入的培养土也多，既能为花卉提供更多的养分，又可为花卉的根系生长提供更大的空间。其实，这种想法是错误的。

这是因为用大花盆种植小花卉，花卉小，叶面积小，水分蒸发量也少；而花盆大，浇水量就大，盆土就会经常保持潮湿的状态，必然影响花卉根系的呼吸与吸收，从而引起花卉生长不良，甚至烂根死亡。

不过，种植花卉的花盆也不宜过小，不然头重脚轻，不但影响观赏，而且营养面积过小，不能为花卉提供生长发育所必需的水肥条件，同样也不利于根系的发育和枝叶的生长。所以，选择花盆的大小要与花卉植株的大小相匹配。花盆的直径一般应略小于花卉植株树冠的直径。

养花小贴士：巧做木花盆

可利用木材的边角料，自制木花盆。

先根据边角料木材的大小确定花盆的大小及形状。以制作口大底小的反梯形花盆为例，介绍其制法：先把四块板（不算底部的那块）相连接的部位都锯成凸凹形状，以便各块板之间能吻合对缝，并把四块板上部四个角相连接的部位用铁片或铁丝连接牢固，再将底板钉上，并采用同样方法连接牢固。盆做好后，再在其底部钻3～5个孔，以便排水透气。还可在花盆的内壁，刷一层防腐漆，也可用其他油漆代替。最后再将花盆的内壁和内底部涂一层烛蜡，可以延长其使用寿命。

14. 花卉培养土的配制

根据各类花卉品种对土壤的不同要求，用人工配制一种养分充足、腐殖质丰富、团粒结构良好、能保水保肥及通气排水的土壤，这种土壤即称为培养土。花卉种类繁多，生长习性各异，培养土应根据花卉生长习性、材料的性质来配制。

（1）选择适当的材料

俗话说，好花需用好土养。配制培养土的材料有很多，家庭养花常见的材料主要有以下几种：

①园土：取自菜园、果园等地表的土壤，常作为多数培养土的基本材料。

②山泥：是一种天然腐殖质土，土质酸性疏松。腐殖酸含量以腐熟黄山泥为多。山泥是栽培酸性花卉的主要土壤材料，也可单独使用，宜种植茶花、杜鹃花等喜酸性花卉。

③腐叶土：腐殖质含量高，保水性强，通透性好，pH 值呈酸性，是配制培养土的主要材料之一。

④厩肥：以牛、马、猪、羊、鸡、鸭、鸽粪加上草泥土堆积，待腐熟发酵后成厩肥土，富含腐殖质及养分，须经暴晒过筛后使用。

⑤锯木屑：用锯木屑堆制发酵后，与土壤配制，使培养土疏松，保水性能良好，是近些年来新发展的培养土材料。

此外，还有苔藓、骨粉、河沙、塘泥、河泥、针叶土、草皮土、珍珠岩、蛭石等，均是配制培养土的好材料。

（2）培养土的配制要求

花卉盆土配制时，各种材料的比例并不确定，只要配制的培养土符合以下要求，就是好的培养土：

①含有丰富的养料。

②具有良好的排水透气性能和保水保肥能力。

③平时不开裂，湿时不黏结成团。

④酸碱度适宜。

⑤土壤中不含有害物质，如有毒物质及虫卵。

（3）培养土的配制比例

配制花卉的培养土，需根据花卉的生态习性、培养土材料的性质和当地的土质条件等因素灵活掌握其配制比例。

①用于茶花、杜鹃、含笑等的培养土：可选用腐叶土或山泥、焦泥灰、沙配制而成。用腐叶土40%、山泥30%、焦泥灰10%、沙20%配制后，再加少量骨粉。

②用于柏树、南天竹一类的培养土：用山泥45%、腐叶土与焦泥灰共35%、沙20%配制而成。

③用于菊花、大丽花等一般温室花草的培养土：用腐叶土30%、塘泥40%、园土30%配制以后，再用上述混合物的70%加砻糠灰30%，加少量骨粉、石灰等混合，使土呈中性。

④用于文竹、吊兰等的培养土：要求排水性、通透性良好，宜用园土或垢泥60%、沙10%、砻糠灰30%配制。

⑤用于梅花、海棠、石榴等花木的培养土：用腐叶土35%、塘泥35%、沙15%、砻糠灰15%配制后加少量骨粉。

⑥适用于室内观叶植物的基质：用2份泥炭、1份蛭石、1份珍珠岩；或1份泥炭、1份珍珠岩、1份树皮配制而成。

养花小贴士：土壤消毒五法

土壤消毒通常可用以下五种方法：

（1）蒸气消毒：把营养土放入蒸笼内，加热到60～100℃，持续30～60分钟。要注意的是，加热时间不宜太长，以免杀死能分解肥料的有益微生物，影响花卉的正常生长发育。

（2）火烧消毒：保护地苗床或盆插、盆播用的少量土壤，可放入铁锅或铁板上加火烧灼，待土粒变干后再烧0.5～2小时，可将土中的病虫彻底消灭干净。此法的好处还在于可将土壤中的有机物烧成灰分，使扦插或播种基质更加纯洁，从而防止幼苗或插条发霉腐烂。

（3）日光消毒：将配制好的培养土放在清洁的混凝土地面上、木板上，平摊，暴晒3～15天，即可杀死大量病菌孢子、菌丝和害虫、线虫以及虫卵。

（4）水煮消毒：把培养土倒入锅内，加水煮沸30～60分钟，然后滤干水分，晾干到适中湿度即可。

（5）药剂处理：可以使用不同的药剂，对土壤进行熏蒸处理，即把土壤过筛后，在一层土壤上喷洒化学药剂后，再加一层土壤，然后再喷洒1次药剂，然后用塑料薄膜覆盖，密封7天，敞开换气3～5天即可使用。常用的药剂有多菌灵、硫黄粉、甲醛、代森锌等。

15．正确给花苗上盆

把花苗从育苗床或育苗盆中移入花盆叫上盆。上盆操作过程的好坏直接影响到花苗以后的生长。

（1）上盆时间

花卉上盆时间应选择每年 11 月到来年 3 月叶落休眠或刚开始萌芽的时期。常绿的花木多选择 10～11 月或 3～4 月，这段时间花木需水量少。当播种的花苗长出 4～5 片嫩叶或扦插的花苗已长出须根时，就要及时移栽到大小合适的花盆中去。

（2）上盆步骤

①花盆处理：应根据苗木大小和生长快慢，选择适当的花盆，注意不要小苗上大盆。使用的新盆要先用水洇透，最好是浸泡两天再使用；旧盆往往有水渍杂物，要刷洗干净。

②花木修剪：苗木上盆前，应对植株进行修剪，过长的须根、病枯枝，过密枝、叶均应剪去。对于过分衰弱的植株和在当年生枝条上开花的花木，可从距茎基 10 厘米处剪去，可促使萌发健壮枝条的生长发育。

③垫盆：把至少 3 片碎盆片覆盖在排水孔上，使凹面向下，既挡住排水孔，又使泥土不致堵塞排水孔，盆内水分能及时排出；在使用吸水边或类似的盆底吸水灌溉时，盆底部不用垫泥，而只要在盆底先放一层既能吸水，又能防止土溢出的材料，如水苔等，以便于排水透气；对怕涝的花卉，应根据花盆的大小，在盆底垫上 1～4 厘米厚，从培养土中筛出的残渣或粗一些的沙石作为排水层；陶、瓷类花盆需用碎瓦片作为排水层，并比瓦盆厚一些。排水层上铺垫一层底土，其厚度根据盆子深浅和植株大小而定，一般上盆时填土到植株原栽植深度。

④栽植：裸根苗上盆时应把底土在盆心堆成小丘，一只手把苗木放正扶直，根须均匀舒开，另一只手填土，随填随把苗木轻轻上提，使根须呈 45 度角下伸。根须较长的花卉，在上盆时，可旋转苗木使长根在盆中均匀盘曲。种植的深度应适合幼苗的大小。然后振动花盆，并用手指压紧盆土，使盆土面低于盆边 1～2 厘米。任何花卉上盆后，一定要把土敦实，不要使盆土下空上实或有空洞。

⑤浇水和施肥：上盆结束后，要立即浇水，1 次浇透。天气干燥时要随时喷水保苗。初上盆的苗要遮阴，当时不要施肥，最好等苗木已发根，开始恢复生长 15 天后，再补充肥力，使其更好生长。

养花小贴士：为什么有的花卉不适宜移栽？

直根性花卉，主根直伸，侧根极少，移栽时切断主根后，侧根生长不旺，吸收养分的能力降低，所以移栽多不易成活或生长发育不良。像牵牛花、虞美人、花菱草等就属于这一类。这类草花最好用直播法培植，如需移栽可在播后发芽不久移在小盆内培养，待苗长成后脱盆移栽，勿伤主根。

有些草花不耐移植，如紫罗兰、桂香等不能多次移植或裸根移植，移植时尽量起大坨，不能散坨。

16. 巧给盆栽花卉进行换盆

换盆俗称“翻盆”，也就是将盆栽的植物换至另一盆中栽培。换盆是种好盆栽花卉的重要措施之一，可很多花卉爱好者往往忽视这一点，认为换盆没有必要，只要加强施肥即可，其实并不是这样的。要养好花，在花卉换盆时就要注意掌握好以下几个要点：

(1) 根据花卉植株大小选择相应口径的花盆

有的人喜欢用大盆养小花，认为小花栽到大盆里，可以让其自由自在地生长，而且避免了换盆的麻烦。实际上这样做对花卉生长非常不利。花小，需要的肥水少，而盆大土多往往不易掌握水肥量，反而影响了花卉正常生长。

(2) 根据花卉的生长情况适时地换盆

花卉长大，根须发达，原种植的花盆已无法适应花卉生长发育的需要，必须换入较大的盆中。花卉生长过程中，其根系不断吸取土壤中的养分，加之经常浇水、下雨，盆土中的有机肥料逐渐渗漏减少，从而导致盆土板结，渗透性变坏，也就是盆土营养缺乏，土壤物理性状变劣，已不利于花卉继续生长发育，需要更换培养土。花卉根部患病，或是有虫害，或盆土中发现蚯蚓，需立即移植换盆。

(3) 新盆去燥，旧盆杀菌

新盆在栽花前先放在清水中浸泡一昼夜，刷洗、晾干后再使用，以去其燥性。使用旧盆前应先杀菌、消毒，以防止带有病菌、虫卵。具体方法如下：旧盆换下后，放在阳光下暴晒杀菌，重新使用前还应将内外刷洗干净，清除可能存在的虫卵，必要时还应喷洒药剂消毒。

(4) 增加排水、通气能力

在花卉上盆前，先将花盆底部的排水孔用一块碎盆片盖上一半，再用另

一块碎盆片斜搭在前一片的上部，呈“人”字形，使排水孔达到“盖而不堵，挡而不死”的效果，遇到下雨或浇水过多，多余的水就能从碎盆片缝隙中流出去，避免了盆内积水影响花卉生长的问题。

对于君子兰及肉质根的兰花、郁金香等名贵花卉，盆底应多垫些碎盆片或煤渣、碎瓦片以增加排水、通气能力。在碎盆片上面铺上一层粗粒沙，粗粒沙上再铺一层培养土，既有利于排水通气，而且为花卉根系提供了自由伸展的空间，使花卉能够良性生长。

（5）移栽时注意与土壤充分结合

换盆时，将花卉植株放入盆中央，扶正后四周慢慢加入培养土，加到一半时用手指轻轻按压实，使植株与土充分结合。对不带土坨的花卉，当加到一半土时可将苗轻轻向上悬提一下，然后一边加土一边把土轻轻压紧，直到距盆沿约2～3厘米时停止。但种植兰花类，加土可以至盆口，有利于兰花生长。同时将近盆边的老根、枯根、卷曲根及生长不良的根用剪刀做适当修剪。

（6）花卉种好后，浇1次透水

换盆后，水要浇足，使花卉的根与土壤密接，以后则不宜过多浇水，因为换盆后多数根系已受伤，吸水量明显减少，尤其是根部修剪过的植株，浇水过多时，容易使根部伤处腐烂；新根长出后，可以逐渐增加浇水量。但是，初换盆时也不可用干燥土壤，否则容易在换盆后枯死。换盆后，为了减少叶面水分蒸发，可将盆先置于阴凉处数日，以后逐渐见光，适应后再放置于光线充足处。

养花小贴士：如何给盆花松土？

养花时松土很重要，这样可以防止盆土板结，影响盆土的透气性和透水性，所以，要经常给盆花松土。但松土不慎，很容易会给花卉的根系造成伤害，所以，要小心松土。

下边介绍一下松土的方法。

（1）先用竹签沿着盆沿把土挑松，挑的过程中要不断转变方向，以免伤害花卉根系。

(2) 一只手握住花盆，另一只手不断地拍打花盆壁，均匀地拍打数圈，使花盆中的土壤变松散。

(3) 用钉耙疏松表层土壤。

(4) 用筷子插入盆土中，顶到盆底的排水孔，把盆土顶松后，多次浇水，每次浇水不要多，等土壤湿润之后用竹签或钉耙进一步疏松表面盆土。

17. 家庭养花浇水要领

浇水是我们花卉种养中最常做的事情，也是最基本最重要的事情。下面是给花卉浇水时需要注意的几项要领：

（1）浇花水质的选择

天然水有硬水与软水之分。硬水的矿物盐类含量高，长期浇灌会对花卉生长产生不利影响。软水的矿物盐类含量低，是花卉理想的浇灌用水。雨水、河水和湖水等的水质硬度低，可以直接用于浇灌；泉水、井水等地下水的硬度很高，不能直接浇灌花卉；自来水因含有氯气等消毒物质，也不宜直接使用，最好用敞口的缸、池等容器贮放 3～5 天，待水中有害物质挥发和沉淀后再使用。

（2）浇花的水温

我们平时浇花的水温一定要高于或等于土温（或气温），建议大家通过晒水来提高水温。对水温的敏感在杜鹃身上最明显了，用没晒过的低温自来水浇杜鹃，骤然改变它的土温，不久就落花落叶了。

（3）花卉浇水时间

浇水时间应尽量让水温与土温接近为宜。在一般情况下，水温和土温相差在 5℃以内，浇花比较安全，不会发生根系损伤的情况。具体到每天的浇花时间，春、夏、秋、冬也不尽相同。

在春、秋、冬三季，上午 10 点左右和下午 4 点以后是浇花的时间。盛夏中午，气温很高，花卉叶面的温度常可高达 40℃左右，蒸腾作用强，同时水分蒸发也快，根系需要不断吸收水分，补充叶面蒸腾的损失，如果此时浇冷水，虽然盆土中加了水分，但由于土壤温度突然降低，根毛受到低温的刺激，就会立即阻碍水分的正常吸收。这时由于花卉体内没有任何预警，叶面气孔没有关闭，水分失去了供求的平衡，导致叶面细胞由紧张状态变成萎蔫，使植株产生“生理干旱”，叶片焦枯，严重时会引起全株死亡。

这种现象在草本花卉中尤为明显，如天竺葵、茑萝、翠菊等最忌在炎热的中午浇冷水。同样的道理，在冬季早晚温差大，应在中午土温与气温比较接近时浇花。许多种花者习惯在傍晚浇水，误认为这样最好，其实正相反，尤其在冬季或室内，若在晚上浇水，水分散失缓慢，会增加盆土和空气湿度，容易导致花卉感染病害和遭受冻害。

(4) 花卉浇水方式

每次浇水水流宜缓不宜急，如果你用漫灌的方式，那么要注意水流不要直接冲击土面；如果用喷洒的方式，则要注意如果水柱大就不要离地太高“砸”水下去，会使土壤板结且容易引起病害。除非你在早上10点前用干净水且在温度不太高、晴朗通风的环境中，可以扫扫冠，否则就不要这样，因为会带走叶面的水、引起病害。浇水时要等水渗下去后再浇第2次、第3次。普通树木水要渗到地表下80～100厘米，小灌木40～60厘米，草坪草花20～30厘米才到位。

盆栽花卉浇水水流也要轻缓，也要等水渗下流出排水孔后再浇1次，如果有第3次更好，这样才算到位。

庭院植物在浇水前要做好土垛，防止水四散。所有植物浇水后等土面稍干后稍微松松土表，这样可以防止过分蒸发，保证浇水效果。浇水后再松土除草是事半功倍的养花方法。

养花小贴士：看盆浇水的学问

说得简单一点，看盆浇水就是根据花盆的外观与盆土的情况来决定浇水的时间和浇水的次数。看盆浇水，要注意以下几点：

(1) 看花盆的大小尺寸决定浇水量：小盆容土量有限，贮水量较少，与周围空间接触的表面积较大，所以，小盆总比大盆失水多、干得快。如果把相同大小的花卉栽在大小不同的盆中，则大盆浇水次数应少些，但每次浇水量应多一些。

（2）看花盆的质地掌控浇水量的大小：泥瓦盆比较粗糙，盆壁因有许多细微的孔隙，具有很强的渗水透气性能。而陶盆、瓷盆和塑料盆，则质地细腻，渗水透气性差。所以，同样大小的盆，粗糙的花盆浇水次数及浇水量要多些，陶盆和瓷盆则不能浇水太多太勤，如果使用的是旧瓦盆就应减少浇水。

（3）看盆土质地及渗透速率来掌握水量：砂质的土壤质地粗，渗水快，持水力弱，容易干，应适当增加浇水次数；黏重的土壤要适当减少浇水次数，但浇水量要酌情增加。

（4）看盆土的颜色变化来浇水：假如你发现盆土开始发白、重量轻、坚硬，那么就应该浇水了，而且浇水量要适当大一些。

18. 家中无人时巧浇水

主人出差，盆花无人浇水，该怎么办？对于耐旱性强的花卉，1 个星期不浇水也不成问题；可是对于喜欢湿润的花卉，则需要每天浇水。下面介绍几个可行的办法使盆花在短期内不会缺水。

（1）滴灌法

可用塑料瓶装满水，然后用针在瓶盖处刺几个小孔，把它倒埋入花盆中，小孔贴着泥土，水就会慢慢渗出，润湿土壤。但要注意的是，针孔不宜过大，以免漏水太快而使土壤过湿，为防止瓶中形成真空，可在瓶底刺几个小孔。

（2）罩塑料袋法

先把植物浇透水，再用塑料袋把整个植株罩起来，将塑料带绑于盆上。有了塑料袋罩住，水汽就能保存在里面；若是在塑料袋上形成水滴，水滴又能重新滴回盆土中，塑料袋能将湿气保留达 2～3 个星期之久。要是离家不到 10 天，只要把塑料袋宽松地罩上植株即可。

（3）浇透法

对于一些需水量不大而又较耐旱的花，如芦荟、仙人掌类，可在临行前浇 1 次透水，放在阴凉处。即使在夏季，1 个月不浇水也不会对其生长有太大影响。

（4）坐盆法

对于耐湿性强的花卉，可把它们放在较大的盆中，在盆中放水，水位不可过深，这样水分就会通过土壤的毛吸作用不断地被运输到花盆的中上部。但这种方法不可用于耐旱花卉及阳性花卉。

（5）吸水法

在花盆的外围放上大大小小的水盆，将纱布条一头埋入盆土内，一头放

在水盆里。通过纱布，水分渗透到盆土内，使土壤不断得到水分。喜水的花卉用较宽的纱布与水盆相连；喜水少、耐旱的花卉用窄的纱布条。除此之外，喜水多的，水盆垫高一些，水流就更快；耐旱的，水盆放低一些，往上渗透就少。

养花小贴士：盆花缺水鉴别方法

浇水是养花的一项经常性管理工作，而盆土是否缺水是件较难掌握的事，因此不少朋友常为此感到苦恼。下面是养花行家判断是否缺水的经验，简单介绍如下：

（1）目测法：用眼睛观察盆土的表面颜色有无变化，如颜色变浅或呈浅灰白色时，表示盆土壤已干，需要浇水；若颜色变深或呈深褐色时，表示盆土是湿润的，可暂不浇水。

（2）敲击法：用手指关节部位轻轻敲击花盆的中部盆壁，要是发出比较清脆的声音，则表示盆土已干，需要浇水；要是发出沉闷的浊音，则表示盆土潮湿，可暂不浇水。

（3）指测法：将手指轻轻插入盆土约 2 厘米深处摸一下土壤，若感觉干燥或粗糙而坚硬时，就表示盆土已干，需立即浇水；如果略感潮湿，细腻松软的，则表示盆土湿润，可暂不浇水。

（4）捏捻法：用手指捻一下盆土，如果土壤粉末状，则表示盆土已干，应立刻浇水；如果土壤成片状或团粒状，表示盆土潮湿，可暂不浇水。

如果需要准确知道盆土干湿情况，可购买一支土壤湿度计，将湿度计插入土壤里，就可看到刻度上出现“干燥”或“湿润”等字样，如此便可确切地知道盆土干湿度。

19. 给花施肥要科学

在花卉的家庭栽培管理过程中，施肥是很重要的环节，要想让自己培养的花卉枝繁叶茂、花色艳丽、硕果累累，就需要掌握科学的施肥方法。

（1）适时施肥

适时施肥就是在花需要肥料时施用。发现花叶颜色变浅或发黄、植株生长细弱时为施肥最佳时期。另外，花苗发叶、枝条展叶时要追肥，以更好地满足苗木快速生长对肥料的需求。

花的不同生长时期对肥料的需求也不同，施肥种类和施肥量也有所差别。比如：苗期多施氮肥可促苗生长，而花蕾期施磷肥可促使花大而鲜艳、花期长。

（2）适量施肥

盆栽花卉施肥应做到“少吃多餐”，即施肥次数多，每次施肥量要少。一般每7～10天施1次稀薄肥水。随着花卉逐渐长大，施肥浓度也需逐渐加大。比如：尿素浓度可由前期的0.2%逐步加大到1%，磷、钾肥可由1%加大到3%～4%。

（3）依季节掌握施肥

春夏季节花卉生长快，长势旺，需适量多施肥。在入秋后气温逐渐降低，花卉长势减弱，应少施肥。8月下旬至9月上旬应停止施肥，以防止发生第二个生长高峰，否则易使花卉组织细胞过嫩而导致越冬困难。另外，需注意越冬花卉在冬季处于休眠状态，这时要停止施肥。

（4）根据花卉长势施肥

不同的花卉需要不同的土壤环境条件，在环境条件差异较大时，花卉不适应，长势就弱。施肥需根据花卉长势来确定施用量，同样的品种，生长健

壮的植株可依照肥料使用说明施足肥；生长弱的植株，则应酌情减少施用量，随后逐步增加到正常施用量。长势弱的植株对肥料的吸收承受能力弱，若用量过猛，其结果会适得其反。

（5）施肥应掌握温度

盆栽花卉在高温的中午前后或雨天不宜施肥，此时施肥很容易伤根，最好是在傍晚施肥。秋后、冬季由于气温低，花卉生长缓慢，一般不施肥；夏季气温高，花卉生长旺盛，则应多施肥。气温高时追肥浓度要低，用量要少，可用稀薄肥水，多追几次。

（6）药肥混施

在施肥时如发现有病虫害，可在肥料液体中加入适量药剂，能起到施肥防病虫的双重作用。

养花小贴士：花落后应马上施礼肥

让草木早日开花的肥叫礼肥，在前一年就要预先实行。拿杜鹃花为例，花落地种子就落地，这时马上施肥有助于花芽的发育。

20. 妙用废物做花肥

花卉种养离不开肥料，所有的养花者都会遇到购买肥料的问题。可是，大多数养花者不知道，其实花肥是可以自己动手制作的，而且所用原料基本上都是来自日常生活中的废品。以下的方法你可试一试。

（1）利用中药渣做花肥

中药煎煮后的剩渣是一种很好的养花肥料。因为中药大多是植物的根、茎、叶、花、实、皮，以及动物的肢体、脏器、外壳，含有丰富的有机物和无机物。植物生长所需的氮、磷、钾类肥料，在中药里都具备。用中药渣当肥料，还可以改善土壤的通透性。欲将中药渣当花肥，须先将中药渣装入缸、钵等容器内，拌进园田土，再掺些水，沤上一段时间，待药渣腐烂，变成腐殖质后方可使用。当然，药渣肥不宜放得太多，一般掺入量不要超过土壤的十分之一，多了反而影响花卉的生长。

（2）利用葱皮做花肥

葱皮可作为室内养花、黄瓜秧苗的肥料：准备 150 克的葱皮放入盆中，然后加入 30 毫升的水进行浸泡，4～5 天即可。将葱皮浸泡液作为室内养花的肥料，不但能使花的颜色越来越鲜艳，而且花枝也会生长得更加茂盛。如果种植的黄瓜秧苗出现凋黄，一旦使用葱皮浸泡液对其喷洒，瓜秧就会逐渐变绿，生长快速，很快开花结果。

（3）利用变质的葡萄糖做花肥

将少许变质葡萄糖捣碎与清水按 1∶100 混合，用它浇灌花卉，能促使花卉黄叶变绿，长势茂盛。适用于吊兰、虎刺梅、万年青、龟背竹等。

（4）利用吃剩的水果做花肥

将吃剩的水果切碎以后，放入缸或桶内，如果家中没有这样的容器，可

以利用废弃的饮料瓶、干净的油漆桶等来代替。将一些沙土和水果渣放进准备好的容器内，然后用泥把口封严，待其完全腐熟透，自制肥料就制作成功了，可以用来直接栽花，也可以在花生长时作为肥料追施。

（5）豆渣也可以做花肥

豆渣是上乘肥料，无碱性，虽是磨浆取汁后的残渣，但仍含有相当一部分蛋白质、多种维生素和碳水化合物等，经过人工处理，最适宜花苗生长。自制豆渣肥的方法是把豆渣装入缸内，加入10倍清水发酵后（夏季约10天，春秋季约20天），再加入10倍的清水混合均匀，用以浇灌各种盆花，效果确实不错。尤其是用来浇灌昙花、令箭荷花、蟹爪兰、霸王鞭、仙人掌、仙人球等仙人掌类花卉，效果更佳。

（6）利用麻渣做花肥

制麻酱后的残渣，因无碱性，最宜做白兰花、兰花、茉莉花等的肥料。用麻渣追肥，三五天就能见效，但用量不宜过多。

（7）利用鸡毛鸡粪做花肥

鸡毛鸡粪可用作盆栽草本花卉的基肥，施肥1周可见肥效，肥力可保持2～3个月，最长能保持4个月以上。也可用鸡毛泡过的水追肥，肥效也能保持3个月以上。鸡粪中含较多的微量元素与B族维生素，用作基肥，全年肥力不衰，作追肥，有效期长达2～3个月。施用鸡粪的花卉，生长旺盛，花形大，花期长。

（8）利用蓖麻籽做花肥

将新鲜的蓖麻籽捣碎埋入盆土内，任花卉自然吸收，每半年施用1次，可不必再施其他肥料。此肥用量少，有效期长，清洁卫生，对月季、茉莉、米兰等花卉都可施用，也可作为基肥。

（9）巧用烟灰做花肥

将烟灰收集起来，然后均匀地撒在盆土表面，这样在浇水时，烟灰就会随水一起渗入盆中，这时烟灰中的有毒物质就会将盆土中的虫子杀灭。另外，烟灰还是一种激素，撒在盆土中，有利于花卉迅速生长；同时烟灰也是草木灰，混在盆土中也是有机肥料；烟灰又属碱性，对酸性土壤环境还有中和作用。

(10）巧用蚊香灰做花肥

蚊香灰是一种很好的肥料，蚊香灰能做植物的肥料，这是因为蚊香灰内含有钾成分。将蚊香灰收集起来，然后兑一些水，就可作为盆花的肥料，直接浇在花盆内即可，很容易被花木吸收利用。另外如果用蚊香灰做花肥，不仅能够增加花草的营养，而且蚊香灰具有弱药性，还能大大减少飞虫的滋生。

养花小贴士：咖啡渣变废为宝

先将咖啡渣收集起来，然后在缸或桶中填上一层咖啡渣，再铺上一层土，按照这样的程序将缸或桶填满，但是要记得最后一层一定是土。然后将容器密封好，过段时间等它发酵以后，就可以给植物施肥了。如果是用作盆景肥料，只需把凉了的咖啡渣，直接倒在植物的栽培土上方。此花卉的叶片将更加翠绿，并富有光泽，同时叶片的质感也会显得肥厚。

21. 花卉叶面的清洗与保养

在日常养护中不仅要为盆栽植物除虫祛病，还应当及时除尘。这样才能让绿色的自然空间展现其优雅的风采，对净化室内空气也大有裨益。

（1）叶片清洁的方法

①喷水法：利用喷雾器的水流冲击力将叶片上的灰尘冲走。

②毛刷法：用软毛刷将叶片上的灰尘刷干净。

③擦拭法：用蘸了水的海绵或棉布反复轻轻将叶片上的灰尘污泥擦干净。

（2）清洁时间及要点

叶片清洁的时间宜为早晨，使叶片在入夜之前有充足的晾晒时间，以免因夜间缺少阳光以及温度降低，使叶片长时间处于潮湿的环境。

君子兰叶丛中的假鳞茎不宜沾水，特别是在发芽期和孕蕾期，遇水湿会影响花卉的正常发育。

另外，不要直接将水喷在花朵上。花朵遇水易腐烂、枯萎，还会使受精率降低，影响开花结果。

对石榴、海棠、倒挂金钟以及紫薇等盆花的叶片喷水会造成枝叶徒长，应该选择擦拭法和毛刷法。

（3）叶片保养

花卉的叶片保养是增加盆栽植物观赏性的方法之一。目前可供选择的保养产品很多，主要有以下几种：

①植物保养蜡：植物保养蜡不能用于新叶以及幼叶，并注意参考说明书上的具体使用方法。

②植物亮光液：植物亮光液上光效果很好，对植物无伤害，可用柔软的棉布蘸上少许亮光液擦拭叶片。

③橄榄油：橄榄油的上光效果也不错，但对叶片有“腐蚀”作用，且易吸附灰尘。

④牛奶、醋以及啤酒的稀释液：此类保养品具有保养性，但不具有上光作用。

无论是清洗还是保养，都应以手掌支撑叶片，以免对植物造成伤害。此外，在喷洗或喷雾保养时，应尽量避免水和保养液流入盆土，并将窗户略微打开，使之通风透气，晾干叶片。

养花小贴士：不宜喷水清洁的花卉

花卉清洗叶片时，不是所有的花卉都适宜采用喷水的方式，喷水量也要依据不同种类花卉的需求来确定。以下几种花卉就不适宜采用喷水清洁法：

(1) 叶片构造特殊的花卉：有些花卉叶面上生有密集的茸毛，往叶片上喷水后易形成水珠，不易蒸发，从而引起叶片腐烂，所以不宜往叶片上喷水。例如大岩桐、蒲包花、非洲紫罗兰、蟆叶秋海棠等。

(2) 花芽怕水的花卉：一些花卉的花芽怕水，如非洲菊叶丛的花芽。一些花卉容易吸附灰尘，一方面灰尘会堵塞叶片上的气孔，使植物无法从空气中吸收水分与氧气或将体内多余的水分蒸发到外界；另一方面，灰尘还会使盆栽植物看起来“灰头土脸”，而喷水之后更是污渍斑斑，显得十分不美观。所以，此类花卉不宜采用喷水清洁法清洗。

(3) 易感染病害的花卉：仙客来块茎的叶芽和花芽、非洲菊叶丛中的花芽都怕水湿，遇水湿易腐烂。君子兰叶丛中央的假鳞茎也怕淋进水，特别是孕蕾期，遇水湿就烂，因此不宜向叶片上喷水。

(4) 处于开花期的花卉：对于盛开的花朵，也不宜喷水，花瓣遇水后易腐烂，影响观赏价值。对观果植物来说，向花朵上喷水会影响柱头受精，降低结果率。

22. 花卉的修剪与整形

对花卉进行修剪与整形，不仅可使花木形姿优美，提高观赏价值，而且还可调节、控制植株的生长发育，达到花繁叶茂的效果。

花卉修剪与整形的方法主要有以下几种：

（1）剪根

剪根是花卉培植的一项重要工作。在换盆时，将腐朽根、衰老根、枯死根和染有病虫的根予以剪除，同时将过长根、损伤根和侧根进行适当短剪，以促使萌发更多的须根。

（2）疏剪

疏剪是把不需要的枝条从基部分生处剪除，主要剪去密生枝、徒长枝、交叉枝、衰老枝、病虫枝，目的是使枝条分布均匀，改善通风透光条件，调节营养生长和生殖生长的关系，使营养集中供给保留的枝条，促进开花结果。疏剪应从枝条上部斜向剪下，不留残桩，剪口要平滑。

（3）短截

短截是指将一年生的枝条剪去一部分，又称短剪。这种修剪又按剪的程度不同而分为轻剪（轻短截）和重剪（重短截）。

在花卉的生长期间修剪一般多为轻剪，即剪去整个枝条长度的一半以下，目的是要通过修剪，分散枝条养分，促使产生多量中短枝条，使其在入冬前充分木质化，形成充实饱满的腋芽或花芽。

植株在休眠期间修剪，则多为重剪，即剪除整个枝条长度的一半以上，对于一些萌发力强的花木，有时则将枝条的绝大部分剪除，仅保留基部的2～3个侧芽，促使萌发壮枝，以利于开花。

（4）剥蕾

为了使营养集中供应顶蕾开花，保证花朵质量，要采取剥蕾的办法，剥除叶腋间着生的侧蕾。剥蕾时间一般以花蕾长到绿豆粒大小时为宜。

（5）疏果

疏果是为了使保留的果实获得充分的营养供给，避免出现隔年结果的现象。

（6）折枝

为了防止枝条徒长而将枝梢扭曲，使其连而不断，目的在于促进花芽分化。

（7）除芽

除芽即去掉部分侧芽，挖掉脚芽，目的是防止分枝过多而造成营养分散，保证主枝获得充分营养，快速成长和孕生花蕾，还可以防止株丛过密，或是防止一些萌发力强的花木长成丛生灌木状，降低植株的姿态美，影响观赏效果。

（8）摘心

摘心是指将植株主枝或侧枝上的顶芽摘除。摘心可以抑制主枝生长，促使多发侧枝，并使植株矮化、粗壮、株形丰满，增加着花部位和数量，摘心还能推迟花期，或促使其再次开花。

（9）摘叶

摘叶是指植株生长过程中，适当剪除部分叶片，目的是为了促进新陈代谢，促进新芽萌发，减少水分蒸腾，使植株整齐美观。如常绿花木以及在生长季节进行移栽的花木，均需摘掉少量叶片。

养花小贴士：花卉修剪后的水肥管理

花卉修剪后由于需要尽快促进伤口的愈合和树势的恢复，其生长期必须辅以精细的水肥管理才能保证其正常生长发育。

在修剪后的初期，不能施用过浓的肥料，而应以薄肥勤施为原则。因花卉刚修剪过，必然损失掉一部分枝叶，根系的活动能力下降，肥料过浓会产生肥害。

另外，由于叶片减少，蒸腾作用也趋下降，故需水量比正常情况要少，所以不能多浇水，保持盆土湿润即可，以防涝害。

待新生枝叶生出后，可以逐步加大供水、供肥力度，但次数和数量上仍要比正常情况略少，以利其正常吸收，避免受害。

待新的树冠形成后，发出的新枝叶较多时，可施以比正常量多1/5的肥料，同时为保证正常的光合作用和蒸腾作用，可加大浇水量，但浇水时应根据各植物的特性具体执行。

有一点需要注意：休眠期花卉由于生长处于停滞状态，修剪后只需施入腐熟的有机肥做基肥，不需要追施速效肥。在第二年春季新芽萌动时可开始追施速效肥，来促生新枝。

23. 家养花卉的繁殖

花卉繁殖方式多种多样，可分为有性繁殖、无性繁殖、组织培养、孢子繁殖。有性繁殖和无性繁殖是家庭养花常用的花卉繁殖方法，而孢子繁殖和组织培养需要较高的技术含量，家庭养花很少使用。家庭花卉常见的繁殖方式有播种、扦插、分生、压条和嫁接等。

（1）播种

播种繁殖适用于绝大部分花卉，一般有露天播种和盆播种两种。

露天播种应选择地势高燥、平坦、背风向阳、土壤疏松、排水良好的地方。应在晴天和土壤较干燥时作床，土地要深耕细整，并进行土壤消毒和施入底肥。

盆播种要将播种盆内的排水孔用碎瓦片堵上，然后将事先准备好的干燥培养土过筛，粗粒放于盆底处，上面放细的培养土。

播种前，要选准种子，并且要是颗粒饱满、无病虫害的优良种子。

（2）扦插

扦插是家庭养花中最为常用的繁殖方法。它是指从母株上剪取根、茎、叶等的一部分插入土中或浸入水中，促其生根发芽培育成新植株的繁殖方法。扦插法多用于雌雄蕊退化或形成重瓣花不能结果实的花卉，一些优良珍稀品种也可采用扦插法。

扦插繁殖的方式主要有枝插、叶插、根插和芽插，但枝插操作方便，而且成活率较高，所以比较常用。

（3）分生

分生是指利用植株基部或根上产生萌蘖（萌发的新芽）的特性，人为地将植株营养器官的一部分与母株分离或切割，另行栽植和培养而形成独立生

活的新植株的繁殖方法。分生繁殖包括分株繁殖和分球繁殖。

（4）压条

压条繁殖是指将母株下部的枝条按倒后埋入土内，促使其节部或节间的不定芽萌发而长出新根，再把它们剪离母体另行栽种，从而形成一棵新的植株。

实际上，这是一种枝条不切离母体的扦插法，多用于一些扦插难以生根的花卉，或一些根部萌发性强的丛生性灌木花卉，如米兰、白兰花、桃、梅、紫薇、海棠、杜鹃、桂花、蜡梅、栀子、夜来香、金银花等，为其提供更多的繁殖机会。

压条繁殖的最大优点是容易成活。这是因为压条部位经过埋土或包扎等遮光处理，能起到黄化和软化作用，也能促进生根。另外，压条繁殖还具成苗快、操作方法简便等优点，压不活的枝条来年还能再压，不浪费繁殖材料。

压条繁殖的缺点是：苗木的机体得不到彻底更新，长势不旺，产苗量较少，在大规模培植时不宜采用。

通常情况下，压条多数都在早春或梅雨季节进行。春季的压条苗经过夏、秋两季的生长，都能形成自己的根系，应在落叶前一个月将它们剪离母体，让压条苗依靠自己的根系生长一段时间。

入冬前将苗木挖掘出来，南方可直接将其栽在苗圃地上继续培养大苗，而北方则应挖沟种植，同时埋土防寒，来年春季再进行定植。

（5）嫁接

将某个良种的枝条或芽部接合到另一种亲缘相近的植株上，使其愈合成活以达到繁殖的目的，这个过程就是嫁接繁殖。嫁接常用于如扦插、压条难以生根，或种子繁殖不易保持优良性状的花卉，一般以同种、同属、同科的花卉较易嫁接成活。嫁接体称接穗，接受体称砧木。嫁接常用的方法有芽接、枝接、根接等方法。

人们常用的嫁接方法是芽接法和枝接法。

养花小贴士：做好播种后期管理

为了保证花卉的出芽率，必须进行正确的播种后期管理工作。

在苗床或花盆上最好覆盖塑料薄膜或其他覆盖物，以保证土壤的温度和湿度，但要注意留孔或缝隙，以确保土壤通风透气。

播种后应撒上细土，并注意遮阳和保湿，土壤干燥时可于播床的行间开沟补充水分。盆播的小粒种子用浸盆法补充水分，切忌从上部喷水，以免冲翻表土影响出苗。对于较大粒种子，可用细孔喷壶喷水。

幼苗出土后要及时除去覆盖物，并逐渐使之接受光照，以免幼苗变黄。条播、撒播小苗过密时，应及时进行适当间苗，保持合理的密度，促使小苗茁壮生长。一般的花苗长出2～3片真叶后即可移植。

耐移植的花苗可再移1～2次，如翠菊、凤仙花、一串红等，然后栽植到花盆里。而虞美人、香豌豆等不耐移植的花卉播种时应尽量采用直播法。

24. 科学调控花卉的花期

花卉生产中，为配合市场需要，经常使用人工的方法，控制花卉的开花时间和开花量。常采用控制温度、光照、水分、养分等措施，计算好播种、扦插、修剪、打顶的时间，适当使用植物生长调节剂，以满足花卉的开花和成花的要求，达到花期调控的目的。以下是几种常用的调控花期的方法：

（1）播种法

花卉有春播和秋播两种播种方式。春天播种的花卉生育期较短，一般晚播晚开花，早播早开花。可以通过计算花卉从播种到开花需要时间的长短，调节花卉的播种日期，来控制花卉在预定的时间开花，如百日草。此外也可以分期播种，使花卉不断开花，把观赏期延长。

大多数的秋播花卉往往第二年的春夏之交才能开花（即度过春化期）。对这些花卉可以进行人工处理，低温度过春化期（通过低温刺激，快速转入以开花结果为主的生殖生长阶段）。然后，根据该花卉在一般情况下栽培到开花需要的日子推算播种期，使之可以当年种当年开，或延迟到第二年再种植。比如金盏菊于深秋播种，冬季在低温温室栽培，就可以在冬天开花了。

（2）温控法

调节温度可以改变花卉的花期，这一点是养花人普遍知道的常识。其实，温度调节的作用就是调节花卉的休眠期、成花诱导与花芽形成期、花茎伸长期。

（3）光控法

有些花卉，光周期是制约其开花机理的主导因素。因此，控制光照是使这些花卉按要求开花的关键。主要方法是包括短日照处理法（即遮光）和长日照处理法（加光），如一品红、蟹爪兰等短日照花卉，若要提前开花，就必须进行遮光，进行短日照处理。

（4）水控法

部分木本植物在遇到恶劣的环境时，为了延续后代的需要，会在很短时间内，完成繁衍后代的过程。利用木本花卉的这种特性，采取控制水分的措施，可达到提前开花的目的。如三角梅，在肥、光、土、温均适合生长的前提下，停止浇水，直至叶片蔫萎脱落，再浇少量的水，保持20天左右，即可孕无叶之蕾，开出满树的花。

（5）修剪法

依据植物种类及摘取量的多少和季节有所不同，用摘心、修剪、摘蕾、剥芽、摘叶、环割等措施，调节植物生长速度。如一串红、天竺葵等都可以在花后进行修剪，并加强管理，即可重新抽枝发叶，开花。摘心处理有利于植株整形和延迟开花。剥去侧芽侧蕾，有利于主芽开花。摘除顶芽顶蕾，有利于侧芽侧蕾开花。环割使养分聚于上部花枝，有利于开花。

（6）药控法

应用植物生长调节剂是控制花卉生长的一种有效方法。目前常用药剂有赤霉素、乙烯利、矮壮素、多效唑、缩节胺和细胞分裂素等。植物生长调节剂除了能诱导花卉开花外，还能使植物矮化，促进生根，防止落花落果，催熟果实及田间除草等。

在花期控制中，应根据不同植物的开花特性，采取相应的措施。在各种花期控制措施中，有起主导作用的，有起辅助作用的，有同时使用的，也有先后使用的。必须按照植物生长发育规律，并利用外界条件，才能使之正常开花。

养花小贴士：巧使水仙在春节开花

要使水仙在春节期间开花，可在春节前30天（一般在12月下旬）进行水养。水养前要对水仙头进行适当加工：先剥去鳞茎上棕褐色的外表皮，用小刀刮去基部的枯根，然后在鳞茎中心两侧自上而下直切一刀，长2～3厘米，深度以不伤叶芽为宜。切后将鳞茎放在清水中浸

泡一昼夜，取出擦去切口黏液，直立放在无排水孔的浅盆内，四周用小石子固定，稳定鳞茎不使倾斜，然后加入清水，水深以淹没鳞茎底盘为宜。放在室内向阳的窗台上养护，每天光照半天以上，室温保持10～15℃，每天换1次清水。经过如此养护，水仙就能在春节期间开花。

如遇到气候反常时可采取补救措施：在春节前1周左右，如遇上气温过低，可在盆中加些温水或将盆套上塑料袋，放在向阳处提高水温，即可促使其提早开花。若春节前1周左右气温过高，水仙已含苞待放，这时可采取降温措施，即在盆内加入冷水或冰水，或夜间把盆内的水倒掉，放在低温处，即可推迟开花期。

25. 水培花卉有讲究

在众多的养花方式中，水培是最使人感兴趣的一种。水培法不仅简单易行，而且清洁美观，摆设在室内的各种场合，都能显示出青枝绿叶，生机盎然。

水培花卉是无土栽培方法中的一种，能否水培，要根据花卉根系组织结构对水的适应性而定，一般选择易生气生根花卉植物、耐阴植物，这些植物在水中根系呼吸不足时可靠气生根来辅助呼吸，从而保障植物正常生长。花卉水培包括洗根和水插。

（1）洗根

①选取生长强壮、株形美观的盆花，将整株植物从盆中脱出，用水冲洗根部的泥或其他介质。

②修剪枯根、烂根，短截长根。对于根系发达植株，剪掉 1/3 至 1/2 的须根。根系修剪有利于植株根系的再生，提早萌发新的须根，从而促进植株对营养物质的吸收。若是丛生植株。株丛过大，可用利刀分割成 2～3 丛。

③根系修剪后，先将植株的根部浸泡在浓度为 0.05%～0.1%的高锰酸钾溶液中约 30 分钟，再将根装入玻璃容器中，用已经掏净的陶粒将根固定，倒入水或营养液进行养护。或者将根舒展，分别插进定植杯的网孔中，根系一定要舒展散开，不能损伤根系。

④倒入没过根系 1/2 至 2/3 的自来水，让根的上端暴露在空气中。第 1 周，每天换水 1 次。对于刚换盆的水培花卉，因其根部新伤口多，容易腐烂，故需勤换水。特别是在高温天气，水中含氧量减少，植株呼吸作用加强，耗氧量多，更要勤换水，每天都要换。直至花卉在水中长出白色的新根后，才能逐步减少换水次数。

⑤当花卉在水中长出新根，说明该花卉已经适应了水培环境，此时改用水培营养液栽培。

植株由土培改为水培，由于介质的改变，初期根系不完全适应，有些植株的老根只有少量保存下来，大部分须根枯萎、腐烂。经过一段时间的换水养护，可逐渐适应新的环境，茎基部位能萌生新根，老根上也会长出侧根。如鹅掌柴、美叶观音莲都会产生这种现象。也有的花卉在改变栽培条件后，仅有极少部分根系枯萎，原有的根大部分能适应水培环境，并萌生出粗壮的水生根。如万年青、富贵竹、吊兰等，对水培有较强的适应性。

（2）水插

水插是水培花卉常用、简便和容易栽培成功的技术。利用植物的再生能力在母株上截取茎、枝的一部分插入水里，在适宜的环境下生根、发芽，从而成为新的植株。

①选择生长健壮、无病虫害的植株。

②在选定截取枝条的下端0.3～0.5厘米处，用刀切下，切面要平滑，切口部位不得挤压，更不可有纵向裂痕。

③切割后的枝条有伤口，水插前要冲洗干净，将切下的枝条摘除下端叶片，尽快地插入水中，防止脱水影响成活。

④切取带有气生根的枝条时，应保护好气生根，并将其同时插入水中。气生根可变为营养根，并对植株起支撑作用。

⑤切取多肉植物的枝条时，应将插穗放置于凉爽通风处晾干伤口2～3天，让伤口充分干燥。

⑥注入容器内的水位以浸没插条的1/3至1/2为宜（多肉植物的插条，让插穗剪口贴近水面，但勿沾水，以免剪口浸在水中引起腐烂）。为保持水质清洁，提高溶解氧含量，一般3～5天更换1次自来水。同时冲洗枝条，洗净容器，经7～10天即可萌根。

⑦经过30天左右的养护，大多数水插枝条都能长出新根，当根长至5～10厘米时可使用低浓度水培营养液栽培。

用水插技术取得水培花卉植株，虽然操作简单，成活率高，但有时也会发生插条切口受微生物侵染而腐烂的情况，此时应将插条腐烂部分截除，用

0.05%～0.1%的高锰酸钾溶液浸泡 20～30 厘米，再用清水漂洗，重新插入清水中。

养花小贴士：水培花卉的日常养护

(1) 正确摆放水培花卉：水培花卉应把握植物的生长习性进行因地制宜地摆放，如荷花一定要放在阳光充足的地方，桃叶珊瑚、八角金盘则要避免夏季强烈的阳光等。摆放在室内的水培花卉应有较好的光照。

(2) 水培花卉要定期换水：水培花卉应该定期进行换水。插枝式水培，在生根前最好每 1～2 天换 1 次水，以保持水中有较高的含氧量，利于新根的萌发；生根后夏季每星期换水 1 次，其他季节每 10～15 天换水 1 次，发现死根或腐烂根应及时剪除。

(3) 水培花卉的病虫害防治：发现病叶及枯枝败叶应及时清除，冬季做好保温工作，以免冻害。

三、病虫防治篇

病虫害是花卉栽培中难免遇到的问题，可能会造成栽植彻底失败。防治病虫害首先要加强栽培管理，从提高花卉本身的抗病虫害能力入手，发现病虫危害时应立即采取相应的防治措施。

26. 花卉病害的主要症状

对于花卉病害，不管是什么原因引起的，都可根据花卉症状做出判断，如叶片褪色、植物萎蔫等。以下是花卉病害的主要症状，在实际应用中可以作为参考：

（1）萎蔫

萎蔫是指植物的根部或茎部的维管束组织受到病原或细菌的侵染使水分输导受到阻碍，引起植物凋萎的现象。植物因染病萎蔫后一般不能恢复，如唐菖蒲、香石竹的枯萎病和其他花卉的青枯病等。

（2）变色

花卉患病后，其细胞内叶绿素就不能正常形成，而其他色素则逐渐增多，因而植株呈现为黄色、淡绿色或白色，称为变色。变色表现在叶片上最为明显，有时花瓣也会变色，且叶片上可出现深绿和浅绿色相互嵌在一起的现象。这种现象就是病毒病的典型症状。

（3）腐烂

当花卉的各部分组织生病坏死后，还容易发生腐烂。组织含水分多的易发生湿腐或软腐，含水分少而坚硬的组织则发生干腐。如花卉的花腐病、根腐病等。

（4）畸形

花卉感染病害后，可引起全株的畸形，其表现有徒长、矮化和丛生等。在叶片上则常表现为扭曲、皱缩、卷叶、缩叶、小叶等。畸形多数是由病毒、细菌或线虫等侵染而引起的，如花木的根癌病、根结线虫病、月季黄化病等。

（5）出现粉状物

病原真菌在发病部位产生的具有各种颜色的粉状物，如月季和菊花的白粉病等。

（6）出现丝状物或颗粒状物

病原真菌在发病部位产生丝状物或颗粒状物，为真菌的繁殖体。如兰花白绢病，就是从叶基部腐烂，并产生白色的绢丝状菌丝体。

（7）出现霉状物

病原真菌在发病部位产生的具有各种颜色的霉层，有青霉、灰霉、霜霉、黑霉等，这些霉层都由真菌的菌丝体、孢子梗和孢子所组成。

（8）出现点状物

病原真菌在发病部位产生褐色、黑色的小点，多为真菌的繁殖体。如兰花炭疽病斑上面的小黑点，就是这种真菌孢子堆所构成的。

（9）出现脓状物

病原真菌在发病部位产生的脓状黏液，呈溢脓状，是细菌性病害的典型病症，如软腐病就经常出现在仙客来等花卉上。

（10）出现锈状物

病原真菌在发病部位产生各种颜色的锈状物，如玫瑰等花卉的锈病。

（11）局部坏死

局部坏死的现象是由于细胞和组织死亡引起的。叶片组织的坏死，常表现为叶斑和叶枯两种。叶斑有圆斑、条斑、角斑、轮纹斑和不规则斑等，有些叶斑还能脱落而形成叶面穿孔。叶枯是叶片上较大面积的枯死。枯死不仅会出现在叶片上，茎部也能形成病斑或茎枯，形成枝干上的疮痂和溃疡。

养花小贴士：巧辨花卉得病的先兆

若花卉出现了下列几种情况，就很可能是花卉生病的前兆。

（1）如果顶心新叶正常，可是下部老叶片却出现逐渐向下干黄并脱落，还有可能呈现焦黄和破败状态，这就表明花卉缺水很严重。

（2）新叶肥厚，可是表面凹凸且不舒展，老叶渐变黄脱落，此时停止施肥加水为上策。

（3）瓣梢顶心出现萎缩，嫩叶也转为淡黄，老叶又黯淡无光，这是因为土壤积水缺氧，从而导致须根腐烂，要立即进行松土，而且停止施肥。

（4）枝嫩节长，又叶薄枯黄，这主要是由于花枝大，而花盆太小，造成肥水不足所致，换大一点的花盆即可解决。

27. 花卉常见病害与防治

花卉的病害一般由病菌寄生引起。如果场地阳光充足、空气流通、环境干净，病菌就不容易侵害。但如果一旦发病，应立即隔离栽培，并喷施农药。有时为防止病害蔓延，应将病株或发病枝叶立即焚烧。花卉常见的病害有以下几种：

（1）白粉病

多发生在梅雨季节。初期叶片上出现白色斑点，后逐渐布满全叶，最终变为灰色。可通过改善通风、光照和排水，撒硫黄粉等防治，也可喷洒0.1％～0.2％的小苏打溶液防治。

（2）炭疽病

发生初期叶上呈现水渍状绿色小点，后逐渐扩展为褐色圆形病斑。可喷洒退菌特溶液防治，平时需注意保持良好的通风透光。

（3）灰霉病

危害叶片、叶柄和花朵，受害部位腐烂变褐色，潮湿时病部出现灰色霉层，茎部软腐折倒，严重时全株枯死。可及时降温、增加通风、清除病残体并集中销毁，也可喷洒80％代森锌可湿性粉剂或75％百菌清可湿性粉剂500倍液进行防治。

（4）溃疡病

发病时，叶片上出现圆形赤褐色斑点，枝条呈褐色，久病后叶落。施肥过多、枝叶徒长，易发此病。可喷洒0.2％～0.4％硫酸亚铁溶液或波尔多液防治。

（5）白绢病

发病后植株的茎基部或根部会出现白色绢丝状菌丝，叶片自下而上逐渐腐烂，甚至全株死亡。气温过高、空气过潮、土壤渍水，易得此病。可用石灰粉防治，平时则需控制浇水，盆土保持间干间湿状态。

（6）黑斑病

病叶早期产生圆形病斑，暗褐色，微具轮纹，上面着生淡黑色霉状物，后期病斑融合扩大。高温季节发病较严重。可在发病初期及时摘除病叶并集中销毁，也可喷洒65％代森锌可湿性粉剂800～1000倍液或70％甲基托布津可湿性粉剂800倍液进行防治。

（7）叶斑病

此病主要危害叶片，斑点形状多种多样，颜色也有许多种。可喷洒65％代森锌可湿性粉剂600～800倍液或75％百菌清可湿性粉剂500倍液进行防治。

（8）猝倒病

幼苗发病多从基部开始，先为水渍状斑块，后变为黄褐色，不久就会因病变部位收缩而突然倒苗。本病容易传染，平时要控制浇水，加强通气。

（9）锈病

叶片及花茎受害后出现泡状斑点，表皮破裂后散出黄褐色粉状孢子。可喷洒65％代森锌可湿性粉剂500～600倍液或70％甲基托布津可湿性粉剂1000倍液进行防治。

（10）煤烟病

多因高温高湿，通风不良，粉虱成虫危害时分泌“蜜露”引发。发病时叶面布满黑点，继而发展成黑色斑块，严重影响植物的光合作用。需及时改良生长环境，并防治粉虱危害。

（11）线虫病

系线虫侵害引起的病害。线虫体小，需在显微镜下才能看清。通常雌虫为梨形，雄虫为线形，喜潮湿环境。线虫寄生于叶片，可导致叶片非病态枯萎，植株生长缓慢；寄生于花芽，可使花芽干枯或不能成蕾；寄生于根部，会出现串珠状结节或小瘤，并引起地上部分生长不良。可于种植前用40％氧化乐果1000倍液浇灌盆土预防。

养花小贴士：花叶发黄的处理

家庭养花最容易碰到的问题是叶子发黄。花的叶子黄，一般有以下几种原因：

（1）水黄：新梢顶心萎缩，嫩叶淡黄，老叶也渐暗黄。原因是积水久湿、土壤缺氧、部分须根腐烂。应控制浇水并停止施肥。

（2）肥黄：新叶肥厚有光泽，但叶面凹凸不平，老叶渐黄而脱落。这是由于施肥过量造成的。应立即停肥，适当多浇水，向盆内撒些萝卜或小白菜种子，出苗几天后拔去，以消耗盆内多余的肥料。

（3）旱黄：顶心和新叶片正常，植株下部和内膛叶片首先干黄脱落。原因是长期没有浇透水导致盆花脱水。应适量浇水，保持盆土上下湿润。

（4）饿黄：盆小苗大，肥水不足，盆内须根密集，土壤很少，花叶变黄。应及时换大盆，剪去衰老枝、过密枝。

（5）荫黄：由于盆花长期置于树荫下，光照不足，使叶片变薄、叶色变浅或叶片发黄、脱落。应逐渐增加光照。

（6）碱黄：喜酸性土的盆花，如茶花、杜鹃、白兰、栀子等，栽植在偏碱的土壤，会使叶片变黄脱落。可换草炭土或用加有1%硫黄粉的培养土栽培，用泡青草（草要腐烂）的水浇灌也非常有效。

（7）虫黄：受红蜘蛛、浮尘子、白粉虱等危害，叶片失绿，呈土黄色。应及时喷洒杀螨药物。

28. 用特效硫黄粉防花病

在培育花卉时，使用硫黄粉对花木防腐、防病有独特的功效。

（1）防腐烂

扦插花木时，先将其插于素沙中，待生根后再将其移入培养土里培育。若是直接插在培养土中极易腐烂，其成活率也很低。可是如果在剪取插条后，随即蘸硫黄粉，然后再插入培养土中，就能防止其腐烂，不但成活率高，且苗木生长也很健壮。除此之外，铁树的黄叶、老叶被剪除后，会不断流胶汁；榕树、无花果等修剪以后，会流出白色液汁，容易感染；君子兰剪取花箭后易流汁液，可能会引起腐烂等。此时都可撒硫黄粉在剪处，植株伤口遇到硫黄粉就不再流汁，而且能快速愈合。新栽树桩根部被剪截后，撒硫黄粉于切口处，也可有效防止其感染，增强其抗逆性，有利于促进生根。

（2）防病害

在高湿、高温和通风不良的环境下，紫薇、月季等花木极易发生白粉病，若用多菌灵、退菌物、托布津、波尔多液等杀菌剂喷洒防治效果均差，不能控制病害，如果用硫黄粉防治则有特效。其方法是：先用喷雾器把患病植株喷湿，再用喷粉器把硫黄粉重点喷洒在有病的枝叶表面，没有患病的枝叶可以少喷一些，以起到预防作用。治疗盆栽花卉的白粉病，可以把桂林西瓜霜（治口腔溃疡的药）的原装小喷壶洗净，经晾干后，装进硫黄粉就可喷用。也可把较厚的纸卷成纸筒，要一头大一头小的，再将少量硫黄粉从纸筒大头放入，然后对准病部，从小头一吹，就会使硫黄粉均匀地散落。

（3）防烂根的感染

在花卉嫁接中，嫁接口是最容易受到感染以至于影响其成活的。这时可用硫黄粉对其进行消毒。比如用仙人掌或三棱箭嫁接仙人指、蟹爪兰后，要

立即在嫁接口上喷洒硫黄粉，3 天以内要蔽防雨水，以后不再用塑料袋罩住，也不会使其感染腐烂。这样成活率高达 95%以上。如花卉已经发生烂根，也能用硫黄粉治疗。像君子兰会常因浇水过多，或者培养土不干净而烂根，可把其从盆中磕出，再除去培养土，并剪掉烂根，然后将根部用水冲洗干净；待稍晾一下，趁根部微润时，喷上硫黄粉；再使用经消毒的培养土种植，生长 1 个月左右就能长出新根。

养花小贴士：如何挽救萎蔫的花卉？

花卉为什么会出现萎蔫？很多花卉由于盆内蓄水较少，易产生脱水现象，引起叶片萎蔫，如不及时挽救，便会导致植株枯萎。

叶片萎蔫分为旱蔫、涝蔫、热蔫、冷蔫，根据不同的状况，需要采取不同的挽救方法。

（1）旱蔫：如果因天旱或漏浇水导致盆土过干、植株脱水、叶片凋萎、枝梢下垂时，切不可浇灌，否则会引起叶子脱落，必须将其搬到阴凉处或室内，先向植株喷水，防止叶片水分继续蒸发，然后向盆内浇少量水，待叶片挺直再向盆土浇水。

（2）涝蔫：由于盆内积水过多，盆土中的空气全部被水排挤出来，造成植株严重缺氧，使根系无法正常呼吸，须根和根毛很快就会枯萎死亡最终失去吸水能力，发生涝害。这时应立即控水、松土，将植株放背阴处作缓苗处理。如果涝害较严重，应及时把根团从花盆中抠出来，不要把土团弄散，放在阴凉通风的地方，让土团中的水分尽快蒸发掉。待 2～3 天后侧根长出新的须根和根毛时，再重新栽入花盆。

（3）热蔫：遇到热蔫，应马上放到背阴、湿润、通风凉爽的地方。

（4）冷蔫：可分 2 种情况：第一，短时间冷蔫，对花卉影响不大，只要防寒保温即可；第二，长时间冷蔫，不要急于放入温室，否则经历温度骤变会引起冻伤。

29. 常见花卉虫害的防治

对花卉产生危害的昆虫种类相当多，最常见的有以下几种：

（1）蚜虫

个体很小，成群寄生于叶片及新梢上，吸其汁液，并分泌一种毒液，使叶片萎缩、落蕾落花，乃至植株死亡。可人工捕杀，或喷洒 40%氧化乐果 600 倍液防治，或用烟蒂浸水喷洒。

（2）红蜘蛛

为红色或红黄色的小螨类害虫，多在每年 5～6 月高温干燥季节发生，潜伏叶背刺吸汁液，造成叶片干黄枯死。可用 40%氧化乐果 1000 倍液、80%敌敌畏 800 倍液、三氯杀螨醇 800 倍液喷杀。

（3）粉虱

体小纤细，体和翅上常有粉状物，群聚为害，以口针从叶背刺入吸取汁液，受害叶片枯黄、脱落。成虫分泌的“蜜露”常导致煤烟病发生。可用 40%氧化乐果 800 倍液或 20%速灭杀丁 2000 倍液喷杀。

（4）介壳虫

种类繁多，多密生在茎叶上吸取养分和汁液，使被害部位枯黄。可用橡皮擦擦除或喷洒 40%氧化乐果 600 倍液防治。

（5）斜纹夜蛾

主要以幼虫危害叶片、花及果实。成虫具趋光性和趋化性，可用黑光灯或糖醋液加少许敌百虫诱杀成虫，也可用 90%敌百虫晶体 800～1000 倍液，或 50%马拉硫磷乳油 500～800 倍液喷杀。

（6）金龟子

幼虫（又称蛴螬）于土中蛀食根部，成虫则咬食叶片，影响花卉生长和美

观。可用90%敌百虫晶体800倍液喷杀。冬季应深耕土壤，冻死幼虫，清除杂草。

（7）地蚕

白天潜伏土中，夜间出来觅食，多蚀食花卉根部或幼嫩的茎干，使植株枯亡。可人工捕杀。

（8）腻虫

腻虫是花木常见的害虫，常成群地聚集在一起危害月季、扶桑、菊花的嫩梢、嫩叶和花。发现这种虫子可以用洗衣粉加水的方法灭虫。其做法是：往喷壶里加半匙中性洗衣粉，加水搅匀后就可以喷洒。如果再加上一些泡烟头的水，效果会更好。

养花小贴士：防花卉的蛀心虫

花卉有很多种类的蛀心虫，比如粉蛾幼虫、天牛幼虫及其他类型昆虫的幼虫等。蛀心虫开始是蛀入嫩枝，再往干部蛀入。当蛀虫已经进入枝内，如果不尽快将其驱除掉，将会使花叶枯萎。防治蛀心虫可参考以下几点：

（1）观察虫害：家庭中养的花卉，包括樱花、蔷薇、无花果、葡萄等极容易被虫侵害。只要是有粉状虫类附于枝干上的，肯定有蛀虫。蛀虫是在花茎上卵生，孵化后会变成青虫，沿着茎爬动。所以在其爬动过程中，特别是植物在早春发芽而成嫩枝时，要及早在其表面撒驱虫的药剂。若幼虫已蛀入枝干，严重时可以剪去蛀孔以下6厘米左右的枝干，注意保留下来的枝干中不要带上虫体。

（2）凡士林杀虫法：可用凡士林油把蛀孔涂塞，使空气不流通，就会把蛀虫闷死。如果无效，可把铁丝伸入蛀孔，把虫体钩出。若蛀虫被刺死，在铁丝头上会出现附着的水浆。

（3）敌敌畏灭虫法：先拿一小团的棉花球浸透敌敌畏，然后塞在蛀孔中，孔口再用黏土或者凡士林油等封闭，这样就能把蛀虫杀死。

（4）酒精灭虫法：注射纯酒精在蛀孔中，使之渗入到枝干，把虫杀死。

30. 学会识别花卉虫害

养花环境不合理是引起花卉虫害的一大原因。以温度为例，如果温度过高，会使害虫的寿命缩短，但发育加快；温度过低，就会使害虫发育减缓，但寿命相对延长。另外，湿度是影响害虫繁殖及成活率的另一因素，如介壳虫喜欢燥热的环境，所以介壳虫害常常发生在干旱的年份或季节。直接影响害虫生长与繁殖的因素还有土壤的土质与酸碱度。所以在养花时，一定要保证环境适合花卉生长而不利于害虫存活。

那么，我们该如何辨别花卉是否得了虫害呢?

被咬食后的叶片仅剩下叶柄的，多是天蛾幼虫、螟蛾、天幕毛虫、舟形毛虫等为害。

潜叶蛾的幼虫常钻入叶肉里，把叶片穿出一道道弯曲的黄白色孔洞，并出现灰褐色近圆形斑，里面有黑色虫粪。

布袋虫身长 15～17 毫米，呈乳白色，幼虫吐丝做囊，身居其中，囊外缀以碎叶、草根、细枝，形似蓑衣布袋。幼虫取食叶片，严重时可将叶肉食尽。风会加速这种虫带来的危害，每年 6～7 月布袋虫的危害最严重。

粉虱和木虱常危害植物嫩叶、嫩梢，造成卷叶、皱缩，并携带油质分泌物，叶片上常有许多卵，但叶片没有被咬伤的痕迹。

金龟子成虫咬食叶片，幼虫称蛴螬，为地下害虫。成虫体长 19 毫米左右，呈椭圆形，1 年繁殖 1 代，通常在 6～7 月间黄昏时活动。叶片因金龟子损伤时，可见花、花蕾、叶片被咬成残缺不全，留下丝状的叶丝，甚至叶被吃光仅留下叶柄，虫粪是尖细的。

红蜘蛛体长不到 1 毫米，呈橘黄或红褐色，像一粒粒小火球，1 年能繁殖 10 余代。当植株受到红蜘蛛侵害时，常见叶片呈现密集的细小灰黄色点或

斑块，多发生在主脉两侧，严重时造成部分或整株焦叶、落叶。

蜗牛或蛞蝓常把叶片咬出缺口或孔洞，并在叶片上留有白色黏液和线状粪便。

受到绿盲蝽侵害的叶片，叶面常萎缩成球状，但无咬伤的痕迹。新叶展开时无新伤害就破烂了，也多是绿盲蝽所为。

梨星毛虫侵害叶片时，常把叶片顺向折叠成“饺子”状，幼虫藏在其中为害。

金花虫常把许多叶片啃成透明斑点状。

刺蛾虫身长 25 毫米左右，呈黄绿色或黑色，全身有刺毛，且分泌毒汁，通常在每年 5～10 月危害叶片。叶片受到损伤时可见零星叶片被咬成大的缺口或呈灰白色透明网状。

绿色的卷叶虫幼虫经常咬食嫩叶、嫩梢，并常把叶片缀在一起。卷叶虫体长 18～20 毫米，受惊动即行吐丝下垂。1 年繁殖 2～3 代，10 月以后幼虫在茎干翘皮处结小茧越冬，次年 4 月又开始为害。

蓟马侵害后的叶片常呈卷缩、枯黄状，并把花朵、果实、叶片、嫩梢吸出银灰色条形或片状斑纹。

叶片被军配虫感染后，全叶呈苍白色，同时叶片背面有黑色柏油状小块的排泄物。

黏虫分布普遍，主要危害草坪及其他地被植物。该虫以幼虫蚕食叶片和嫩茎为主要危害，严重时，只留一些光杆秃枝，是容易爆发成灾的害虫。

叶蜂幼虫咬食叶片后，只剩下叶脉。

养花小贴士：夏季除介壳虫

夏季对于防治介壳虫是一个关键时期。这时要经常性地观察枝叶上是否出现极小的青黄色虫子（长仅约 0.3 毫米左右）在蠕动，发现后，要立即喷洒 40％氧化乐果或者 80％的敌敌畏 2000 倍液，每隔 1 周喷洒 1 次，连续 3 次，就能把介壳虫基本消灭。也可用在花木店购买的“除介宁”花药喷杀介壳虫。除此之外，也可把生有介壳虫的叶面展平，再选与叶片大小相当的一段透明胶带粘贴在介壳虫的虫体上，轻轻压实，然后把透明胶带慢慢揭开，而介壳虫也会随着胶带被粘出来。这样可以把介壳虫根除，还会对叶面起到保护作用。

31．常用农药的使用

在当今，农药是一个很敏感的词，但对于养花而言，使用农药是最常见的杀虫治病措施。不过，如果使用不合理，不仅起不到防治病虫害的目的，还会对花卉造成伤害。所以养花者必须学会正确使用农药，同时要采取合理的防护措施，防止自己中毒。

（1）敌百虫

敌百虫对人畜低毒，对害虫有强烈的胃毒作用，也有触杀作用。遇碱性物质，可变成毒性较大的敌敌畏，再分解失效。如使用90％晶体敌百虫，稀释比例1∶（1000～2000），主要用于防治食叶害虫，如毛虫、青虫等。晶体敌百虫溶解较慢，可先用热水化开，再适量对冷水使用。

（2）敌敌畏

敌敌畏对害虫毒性大，生效快，药效高，残效短，是一种触杀和熏蒸剂，对人畜毒性高。50％乳剂稀释比例为1∶（1500～2000），80％乳剂稀释比例为1∶（2000～2500），主要用于防治蚜虫、红蜘蛛、卷叶虫、食心虫、毛虫等。如防治地老虎等地下害虫，浓度则可适当提高。

（3）乐果

乐果在碱性溶液中容易分解，受热易分解。对害虫有触杀、内吸作用，对人畜毒性中等，有强烈刺激性臭味，药效期4天左右。40％乳剂稀释比例为1∶（1500～2000），主要用于防治蚜虫、红蜘蛛、介壳虫等。

（4）杀灭菊酯

杀灭菊酯又名速灭杀丁，遇碱分解，对人畜毒性较低，具有强烈的触杀作用，也有一定的胃毒和拒食作用。20％乳剂稀释比例为1∶（1000～3000），主要用于防治蚜虫、青虫、介壳虫、食心虫等。

（5）溴氰菊酯

溴氰菊酯又名敌杀死。遇碱分解，对人畜毒性中等，以触杀作用为主。2.5％乳剂稀释比例为1：（1500～2000），主要用于防治蚜虫、青虫等。

（6）退菌特

退菌特对人畜有毒，50％可湿性粉剂加水稀释比例为1：（1000～1500），可防治炭疽病、白粉病、霜霉病等。

（7）多菌灵

多菌灵是灰白色结晶粉末，为高效、低毒、广谱、内吸杀菌剂，能防治赤霉病、立枯病等多种植物病害，25％可湿性粉剂稀释比例为1：500。

（8）托布津

托布津是白色或淡黄色固体。在通常的浓度下使用，无残毒、无药害、对人畜低毒，兼具保护和治疗作用。可防治白粉病、黑斑病等多种病害，稀释比例为1：1000。

家庭栽花，一般用药量较少，可以用空塑料眼药水瓶吸几滴农药的原液，把它滴入手持喷雾器的容器中，再加水稀释到规定的浓度即可施用。例如，配1000倍杀灭菊酯药液，手持喷雾器的容器是500毫升的，只要放0.5毫升灭菊酯原液，再加足水即可使用。

养花小贴士：谨防农药中毒

使用农药时必须谨防人体中毒。施用农药前要先了解各种农药的毒性及使用注意事项。施用时最好戴上橡皮手套，防止药物沾在皮肤上；喷药时最好选无风天气在室外进行，如有微风要朝顺风方向喷施，以免药液溅到脸上和毒气进入人体；施药后要马上用肥皂将手洗净。

32. 自制防治病虫害药剂

家庭防治花卉病虫害药剂可以就地取材，自己动手制作，这样的药剂不仅具有较好的防治效果，而且无药害、无残毒、无污染。

（1）生姜液

取适量生姜捣成泥状，以生姜量加水20倍浸泡12小时，过滤后用滤液喷洒，可防治叶斑病、煤污病、腐烂病、黑斑病等，也可防治蚜虫、红蜘蛛和潜叶虫。

（2）辣椒水

取红的干辣椒50克，加清水1000克煮沸15分钟，过滤后取其上清液喷洒，可防治白粉虱、蚜虫、红蜘蛛、蛴象等害虫。

（3）大蒜汁液

取紫皮大蒜250克，加水浸泡片刻，捣烂取出汁液，以大蒜量加10～20倍水稀释即可喷洒，可防治蚜虫、红蜘蛛、介壳虫等害虫，对防治白粉病、黑斑病、灰霉病也有较好效果。将此液浇入盆土中可以防治线虫、蚯蚓等。

（4）花椒液

取花椒50克，加水500克左右在锅内煮沸，熬成250克的药液，使用时加水6～7倍喷洒，可防治白粉虱、蚜虫和介壳虫等。

（5）烟草液

取烟草末或烟丝50克，加清水1500克，浸泡一昼夜，用手反复揉搓后过滤，再加入0.1%～0.2%中性洗衣粉喷洒，可防治蚜虫、红蜘蛛、叶蝉、粉虱、蓟马、蛴象、卷叶虫及其他多种食叶害虫。

（6）大葱液

取大葱50克捣成泥状，加水50克，浸泡12小时，过滤后用滤液喷施，

1天多次，连喷3～4天，可治蚜虫等软体害虫及白粉病。

(7) 柑橘皮液

取柑橘皮50克，加水500克浸泡24小时，过滤后取滤液喷洒叶面，可防治蚜虫、红蜘蛛、潜叶虫，浇入土内可防治线虫。

(8) 夹竹桃液

取夹竹桃枝叶50克切碎，加清水100克煮沸20～30分钟，去渣取上清液喷洒，防治蚜虫、白粉虱，浇入土中可防治线虫。但要注意夹竹桃毒性较大，要谨防人畜误食。

(9) 米醋液

米醋中含有丰富的有机酸，对病菌有较好的抑制作用。用稀释150～200倍的米醋溶液喷洒于叶面，每隔7天左右喷1次，连喷3～4次，可防治白粉病、黑斑病、霜霉病等。

(10) 小苏打溶液

取5克小苏打（又名碳酸氢钠），先用少量酒精使其溶解，然后加水约1000克，配成0.5%浓度的溶液，喷洒植株，可防治白粉病。

(11) 洗衣粉溶液

取2克洗衣粉，加水500克搅拌成溶液，加清油1滴，对植株上的虫体喷雾，可杀死蚜虫、介壳虫、红蜘蛛、绿刺蛾、粉蝶、白粉虱等。具有块根（如芍药、大丽花）或具有鳞茎（如百合、石蒜）以及肉质根系的花卉，易受线虫危害，也可用稀释1000倍的洗衣粉溶液浇入植株根部周围。

(12) 肥皂液

取肥皂和热开水按1∶50的比例溶解后喷施，因肥皂可堵塞害虫的呼吸器官致其死亡，对蚜虫、介壳虫有效。

(13) 蚊香

蚊香点燃后挂于有虫的植株上，用塑料袋罩住植株及花盆，1小时后害虫可被消灭。

(14) 香烟

如果花卉长了蚜虫，可以先点燃1支香烟，使其微倒置，让烟气熏有蚜虫附着的芽叶，这样蚜虫就会纷纷滚落。若是花棵较大，用烟不容易熏，用

1支香烟，在1杯自来水中浸泡，再用烟水喷洒表面2～3次，也能除去蚜虫。

（15）风油精

风油精加水400～500倍可杀蚜虫。

（16）高锰酸钾（俗称灰锰氧）

高锰酸钾液可防治花卉白粉病。在发病初期，用0.1%～0.2%的溶液喷洒，7天左右1次，连喷2～3次，有效率可达92%以上。

养花小贴士：用牛奶治壁虱虫

家庭花卉的一大害虫是壁虱，就是这种小小的害虫会使枝叶皮色变得枯萎。可先把1/6的全脂牛奶和面粉，在适量的清水中混合，待搅拌均匀后再用纱布过滤，然后再把过滤出的液体喷洒于花卉的枝叶上，即可起到把大部分壁虱和虫卵杀死的效果。

33. 花卉生长衰弱的特殊养护

由于病虫危害、环境不良、养护不当等原因造成花的生长十分衰弱时，应对其进行特殊的养护，主要有以下几种措施：

（1）遮阴防护

对生长衰弱的植株进行适当遮阴，可以减少过多水分的散失，以利其逐渐恢复良好的长势。

经过精细的养护管理后，生长衰弱的盆株可不断发出新根，从而逐步增强吸收能力。这样一来，花卉就会恢复正常了。

（2）避免施肥伤害

生长衰弱的植株一般不宜施肥，特别要避免施用浓肥。因为对吸收能力十分微弱的植株来说，施稍浓的肥料就有可能造成肥害而致死，即使在长势稍有恢复的阶段，也只能施用较稀薄的液肥。

（3）合理浇水

俗话说："根深叶茂"，根系发达时，其枝叶才会生长茂盛。反之，地上部枝叶生长不良时，表明根系生长较差，或部分根系已腐烂。由于这些花卉的根系吸收能力较差，加上枝叶生长稀疏，叶面蒸腾较少，所以浇水后盆土常常不易变干。因此浇水时需特别注意盆土的干湿情况，切勿在盆土未干时频频浇水，即使在盆土干燥后，也应适当控制浇水数量，否则极易因过湿而造成烂根死亡。经常向植株与周围环境喷水，以提高空气相对湿度，让植株通过枝叶吸收一些水分，也许这些数量极少的水分对正常生长的花卉来说微不足道，但对生长衰弱而吸收能力很差的植株而言，却十分重要。叶面水的喷洒宜少量多次，每次喷洒的水分以枝叶湿润而不滴入盆土为宜。

养花小贴士：叶子的周边变黑该怎么办？

叶子的周边发黑是不少养花人经常遇到的难题。每每看到刚长出的新叶，却在不久之后边上开始发黑的时候，总是不知所措。其实，花卉叶子变黑大多有两方面的原因：一个是营养不良；另一个是水分缺乏。

其具体措施如下：

（1）对于不喜阳的植株尽量不要使其直接受阳光照射，这样的植物每天晒太阳不宜超过20分钟。而且，对于无花的观叶植物，最好能时不时在叶面喷洒适量的水，轻拍打一下树冠，看看那些干脆的叶子掉不掉。明显干掉死掉的叶子就要及时摘掉。

（2）检查施肥的量和次数是否合理，以避免营养缺失。

34. 花卉落蕾、落花、落果的处理

在种养花卉的过程中，不少人会发现，自己的花卉已经开花或者已经结果，但还没过花期和果期，花就凋谢了，果就掉落了。导致花卉出现落蕾、落花、落果现象的主要原因有以下几种：

（1）营养不良

花卉的生长可分为营养生长与生殖生长两部分，根、茎、叶的生长称为营养生长，开花、结实与形成种子称为生殖生长。当营养生长达到一定的生理年龄和经过温度、光照等外界条件诱导后，就会转入生殖生长，即花芽进行分化并开花、结果。

花卉的开花、结果需要消耗大量的养分，养分主要由营养生长阶段积累而来。茉莉、米兰、月季、扶桑、石榴等连续开花的花卉则一面由营养器官制造养分，一面开花、结果，因此，倘若营养生长时期光照不足、温度不适或肥水供应缺少等就会引起植株营养不良而不能满足花卉开花、结果对养分的需求，即会引起花卉落蕾、落花、落果。

此时，应加强营养生长阶段的养护管理，培养健壮的植株。对过多、过密的枝条进行修剪，改善植株的通风透光与养分条件。开花结果过多时，应及时疏蕾、疏花、疏果，以保证养分的正常供给。

（2）盆土湿度不佳

盆土过湿时，根系吸收不能正常进行，导致花卉不能获得正常生长发育所需要的养分。同时，植物水分过多，会使细胞压力势增高，特别是离层细胞的压力势增高，从而引起花果的脱落。花蕾的生长、开花及果实的发育都需要水分的正常供应，盆土过干也会引起落蕾、落花与落果。

（3）施肥不当

过多施用氮肥会使营养生长过旺，大量的养分被营养生长所消耗，从而影响花芽分化，造成晚开花，甚至不开花，或引起落蕾、落花和落果。应在花卉进入生殖生长前少施氮肥，多施磷肥和钾肥。如有条件，可在花蕾上喷涂赤霉素或硼酸溶液，能减少或防止落蕾、落花和落果。

（4）外界环境因素

各种花卉由于原产地不同，对外界环境的要求也不同，如果开花结果需要的生态要求不能得到满足，也会导致花果的脱落。所以，应了解各种花卉的生长习性，尽量为其提供适宜的环境。

养花小贴士：叶子颜色变淡和叶间距变长怎么办？

有时候，花卉的枝叶徒长，节间与叶柄变长，叶片变小，失绿并失去光泽，这是由于室内光照不足而引起。要使其恢复正常生长，可采取以下措施：

（1）改善光照条件，但是要注意由于这些植株在光照不足的环境中已有一定的时日，如马上将其置于光照较强的场所，则会因植株不能很快适应而产生叶片变黄，叶尖、叶缘枯焦等日灼和落叶现象。所以，应先将植株置于较原摆放处光照稍强的地方过渡一段时间，再将其放在光照理想处陈设。

（2）由于这些植株的长势十分衰弱，应每隔10天左右在根外追施1次0.1%尿素和0.2%磷酸二氢钾溶液，让其逐渐恢复长势。但要忌施浓肥，否则会削弱植株的生长力，甚至造成植株死亡。

（3）生长衰弱的植株易遭病虫危害，应每10天交替喷洒1次50%托布津可湿性粉剂500～1000倍液或75%百菌清可湿性粉剂600～1000倍液，或50%多菌灵可湿性粉剂500～1000倍液等，以防病菌侵染。

（4）对于过于细弱的枝叶应适当修剪，并每天向枝叶与周围环境喷水3～4次，以形成湿润的小气候环境。

四、季节养护篇

花卉种养与四季气候有密切关系：春天是种花的好季节，是为盆花增肥、修剪、繁殖的最好时机，但是春季的天气多变，气温上下波动；夏天气候炎热，雨量增多，正是大多数花卉生长发育的旺盛时期，也是花木扦插的好时机，但这个时节也是病虫害大量发生期；进入秋季，气温下降，日照减少，家庭花卉对光照、水分、肥料的需求发生变化；冬季温度较低，不适合大部分花卉的生长。因此，我们在种养花卉时，需要随季节的变换调整养护措施。

35. 春季花卉养护要点

“冬天好过春难度”是养花行家的经验之谈。那么，春季里我们应该对花卉做好哪些养护工作呢？

（1）出室

因各种花卉忍耐低温能力的不同，因此盆花必须分早、中、晚三个周期出室。早春就开始萌芽的花卉先出室，像牡丹、月季、迎春等耐寒的花卉；杜鹃、山茶、桂花、樱花等是在中期；一品红、米兰、茉莉等在晚些时间出室最好。出室的时机应在谷雨前后两个时间段，在清明前不能出室。出室时应先把花卉放置于阴处 2 天，然后放在向阳处享受阳光，开始的时候可晒 2 个小时，以后逐渐延长，待半个月后就可以放到室外生长。

（2）浇水

天气回暖，春回大地，处于缓慢生长或休眠状态的越冬花卉，有的刚刚苏醒，有的刚刚萌芽，这个时候它们需要一定量的水分。但不能给它们过多的水分，如果浇水过多，不仅容易引起枝叶徒长，影响到之后的开花结果，还会因为盆土不容易蒸发水分，使盆土长期潮湿，缺乏氧气，花卉出现烂根情况。

所以春季浇水要适量，盆土见湿的程度就可以了。随着天气逐渐变暖和植株的增长，可以逐步增加浇水量。

但因为春季气候干燥多风，可以多向叶面上喷水。

（3）施肥

盆花或盆播幼苗越冬之后，往往比较柔弱，如果这时施浓肥，则可能烧损盆栽，甚至有“烧死”幼苗的危险。可以适当施充分腐熟的稀薄液肥或各种类型的专用化肥。

施肥量应该从少到多，施肥次数可以每隔10～15天施1次，施肥后要注意浇水和松土，使盆土疏松，以便于根系的发育。

（4）修剪

“七分靠管，三分靠剪”，是老花匠的经验之谈，说明了修剪的重要性。修剪一年四季都要进行，但各季应有所侧重。

那么春季给花卉修剪时，应如何把握修剪的轻重呢？

一般来讲，凡生长迅速、枝条再生能力强的种类应重剪，生长缓慢、枝条再生能力弱的种类只能轻剪，或只疏剪过密枝和病弱残枝。

对观果类花木，如金橘、四季橘、代代橘等，修剪时要注意保留其结果枝，并使坐果位置分布均匀。

对于许多草本花卉，如秋海棠、彩叶草、矮牵牛等，长到一定高度，可将其嫩梢顶部摘除，促使其萌发侧枝，以利株形矮壮，多开花。

茉莉在剪枝、换盆之前，应摘除老叶，以利促发新枝、新叶，增加开花数目。另外，早春换盆时应将多余的和卷缩的根适当进行疏剪，以便须根生长发育。

（5）繁殖

春季是花卉繁殖的好时节。一般的花卉都适合在春天进行播种、分株、扦插、压条、嫁接等繁殖。

文竹、秋海棠、报春花、大岩桐等草本盆花，多在早春于室内盆播育苗；凤仙花、翠菊、一串红、五色椒、鸡冠花、紫茉莉、虞美人等一年生草花，可以在清明前后盆播。

大丽花、石蒜、晚香玉、唐菖蒲、美人蕉、百合、姜花等球根花卉，适合晚霜过后栽植。

玉簪、鸢尾、马蹄莲、荷包牡丹、珠兰、龙舌兰、君子兰、万年青、珍珠梅、天门冬、木兰、石榴、吊兰、绣线菊等株丛很密或有匍匐枝、地下茎的花卉，可在早春进行分株繁殖。

大多数盆花，如月季、茉莉、梅花、石榴、洋绣球、菊花、倒挂金钟、丁香、金莲花、龟背竹、五色梅、樱花、迎春、龙吐珠、木芙蓉、变叶木、贴梗海棠等，在早春时可剪取健壮的枝或茎进行扦插繁殖。

如蜡梅、碧桃、西府海棠、桂花、蔷薇、玉兰等花卉应该在早春树液刚开始流动，发芽前进行枝接。

（6）病虫防治

春季各种花卉将进入旺盛的生长季节，此时可在叶面及叶背喷1～3次1%的波尔多液，以防病害。1%的波尔多液的配制方法为：硫酸铜1克，粉碎后加热水50毫升溶化；然后用生石灰1克，用几滴水使之粉化，再加50毫升水，滤去残渣；最后将这两种溶液同时倒入容器中搅匀，就可成天蓝色透明的波尔多液。

养花小贴士：春节过后，如何管理盆栽金橘？

春季期间，盆栽金橘成为常见的家居装饰。摆放几盆金橘在家里，喜庆祥和的气氛一下子就变浓了。那么，要想让金橘一直美丽喜人需要采取怎样的管理措施呢？有几种方法：

（1）疏果剪枝：为避免植株过多地消耗养分，节后应及时将果实摘去，并进行整枝修剪，剪去枯枝、病弱枝，短截徒长枝，以促发新枝。

（2）翻盆换土：清明以后，将盆橘移至室外，并重新翻盆换土，换盆时去掉部分宿土，剪去枯枝、过密根。盆土可用普通的培养土，下部加施骨粉、麻油渣等基肥。

（3）浇水施肥：春季出室后，视盆土干湿情况可每天浇1次水，保持盆土湿润。在开花坐果的7、8月份，盆土稍干，忌湿，并忌雨后积水，以防落花落果。换盆时除施足基肥外，每日还可追施1次液肥，孕蕾坐果期加施磷钾复合肥1～2次，以便有充足的养分促进果实生长。

36. 春季换盆注意事项

盆栽花卉如果栽后长期不换土、不换盆，就会导致根系盘结在一起，使土中营养缺乏，土壤性质变坏，造成植株生长衰弱，叶色泛黄，不开花或很少开花，不结果或少结果。

那么，如何判断盆花是否需要换盆呢?

一般地说，盆底排水孔有许多幼根伸出，说明盆内根系已很拥挤，到了该换盆的时间了。

可将花株从盆内磕出，如果土坨表面缠满了细根，盘根错节地相互交织成毛毡状，则表示需要换盆；若为幼株，根系逐渐布满盆内，需换入较原盆大一号的盆，以便增加新的培养土，扩大营养面积；如果花卉植株已成形，只是因栽培时间过久，养分缺乏，土质变劣，需要更新土壤的，添加新的培养土后，一般仍可栽在原盆中，也可视情况栽入较大的盆内。

多数花卉宜在休眠期和新芽萌动之前的 3～4 月间换盆，早春开花者，在花后换盆为宜，至于换盆次数则依花卉生长习性而定。

许多一年、二年生花卉，由于生长迅速，一般在其生长过程中需要换 2～3 次盆，最后那次换盆称为定植。

多数宿根花卉宜每年换盆、换土 1 次；生长较快的木本花卉也宜每年换盆 1 次，如扶桑、月季、一品红等；而生长较慢的木本花卉和多年生草花，可 2～3 年换 1 次盆，如山茶、杜鹃、梅花、桂花、兰花等。换盆前 1～2 天不要浇水，以便使盆土与盆壁脱离。

换盆时将植株从盆内磕出（注意尽量不使土坨散开），用花铲去掉花苗周围约 50%的旧土，剪除枯根、腐烂根、病虫根和少量卷曲根。

栽植前先将盆底排水孔盖上双层塑料窗纱或两块碎瓦片，既利于排水透气，又可防止害虫钻入。上面再放一层3～5厘米厚的破碎成颗粒状的炉灰渣或粗沙，以利排水。然后施入基肥，其上再放一层新的培养土，随即将带土坨的花株置于盆的中央，慢慢填入新的培养土，边填土边用细竹签将盆土反复插实（注意不能伤根），栽植深浅以维持在原来埋土的根茎处为宜。土面到盆沿最好留有2～3厘米距离，以利日后浇水、施肥和松土。

养花小贴士：早春花卉要避免遭冷风吹袭

经历了漫长寒冬，盆花还没有从休眠状态中醒来，植株还比较虚弱。一到早春人们就常常喜欢把前后门窗打开，这时冷风直接侵袭花木，很容易使花卉“感冒”，尤其是那些原产热带的喜高温类花卉，如米兰等，更经不起气温上的大起大落，植株生病就会落叶，严重的甚至会导致全株死亡。

所以，早春开门窗要选择晴天中午前后，并且应该把盆花移到不会直接受到冷风吹袭的地方。随着天气温度的不断上升，再逐渐增加开窗次数，开窗时间也可以由短到长，慢慢让花卉适应环境的变化，增强抵抗力。

37. 家养花卉，安然度夏

夏天进伏以后，气候炎热，雨量增多，空气湿度大，阳光充足，正是许多花卉和观叶植物生长发育的旺盛期。而夏季家庭花卉该如何护理，以确保它们安然度夏呢？应该注意以下几点：

（1）光照

一般喜光照的花卉，如变叶木、菊花、大丽花、米兰、白兰、扶桑、紫薇、金橘及水生花卉、月季、石榴、桂花、茉莉、梅花、牡丹、一品红、仙人掌类花卉等，春季出室后要放在阳光充足处养护，但到了盛夏，也需移至略有遮阴处，防止强光暴晒。

一般阴性或喜阴花卉，如龟背竹、常春藤、南天竹、一叶兰、万年青、秋海棠、兰花、吊兰、文竹、山茶、杜鹃、栀子、棕竹、蕨类以及君子兰等，夏季宜放在通风良好、荫蔽度为50％～80％的环境条件下养护，若受到强光直射，就会造成枝叶枯黄，甚至死亡。这类花卉夏季最好放在朝东、朝北的窗台上，或放置在室内通风良好的具有明亮散射光处培养，也可用芦苇或竹帘搭设荫棚，将花盆放荫棚下养护，这样有利于花卉生长。

（2）降温增湿

不同花卉由于受原产地自然气候条件的影响，形成了特有的最适、最高和最低温度。对于多数花卉来说，其生长适温为20～30℃。许多花卉夏季开花少或不开花，高温影响其正常生育是一个重要原因。在一般家庭条件下，夏季降温增湿的方法主要有以下几种：

①喷水：夏季在正常浇水的同时，可根据不同花卉对空气湿度的不同要求，每天向枝叶上喷水2～3次，同时向花盆地面洒水1～2次。

②水池：可将一块硬杂木或水泥预制板，放在盛有冷水的水槽上面，再

把花盆置于木板或水泥板上，每天添 1 次水，水分受热后不断蒸发，既可增加空气湿度，又能降低温度。

③铺沙：可在北面或东面的阳台上铺上厚厚一层粗沙，然后把花盆放在沙面上，夏季每天往沙面上洒 1～2 次清水，利用沙子中的水分吸收空气中的热量，即可达到降温增湿的目的。

④通风：可将花盆放在室内通风良好且有散射光的地方，每天喷 1～2 次清水，还可以用电扇吹风来给花卉降温。

（3）施肥

夏季花卉生长速度非常快，要及时为花卉供给充足的肥料。施肥也需要根据花卉品种的不同区别对待，一般的花可以 7～10 天施 1 次腐熟的稀薄液肥；对于喜酸性土壤的花卉，可以每隔 10 天左右施 1 次矾肥水。施肥时不要把肥水溅到叶片上去，否则容易损伤叶面。

夏季施肥应该在傍晚进行。施肥前要注意松土，松土有利于根系吸收肥、水，同时也有利于微生物的繁殖和生长，促进土中有机物质的加速分解，给盆花生长发育提供更多营养物质。施肥后的第二天要注意浇水。

（4）修剪整形

盆花夏季修剪主要是进行摘心、抹芽、摘叶、疏花等操作。对一些春播花草，在夏季要及时摘心，促使其多分枝、多开花；对一些观果花卉，如石榴、金橘、佛手等，在当年生枝条长到 15～20 厘米时也需摘心，以控制营养生长，使养分集中供给开花结果使用，在结果期还需及时摘掉一部分幼果，一般短的结果枝只留一个果。对于一些观花花卉，如菊花、茶花、月季等，应摘除过多花蕾，确保花大色艳。此外，发现徒长枝时，应及时剪除。在夏季，一些花卉的茎基部或主干上常生出不定芽，如果这类芽长成枝条，难免会消耗植株养分，因此在夏季盆花生长旺盛时期应及时抹除不定芽。

（5）繁殖

夏季正是一些常绿花卉扦插的最好时期，如米兰、茉莉、杜鹃、扶桑等花卉在这个时期扦插很容易成活。对于梅花、碧桃等花卉，夏季是它们芽接的好时候。对于白兰，夏季则是它靠接的好时机。

夏季也是一些盆花播种的最佳时期，比如三色堇在 7 月播种，国庆节前

后就可以开花。瓜叶菊在7～8月播种，可以在严冬少花季节开放。大岩桐、香石竹在8～9月播种，第二年夏季可以开花。

冬季观赏的花卉，比如报春花、朱顶红、天竺葵等，要在6～7月播种。

秋海棠、杜鹃、山茶、米兰、栀子、金银花以及一些热带观叶类花卉，在6～7月份扦插。

像马蹄莲、杜鹃等花卉在夏季可以分株繁殖。

像月季、金橘、山茶以及一些仙人掌类花卉可以在夏季嫁接。

对于像梅花、杜鹃、桂花、茉莉等花卉可以在6～7月进行压条。

（6）病虫防治

在夏天气温高、湿度大的气候环境下，花卉易发生病虫害，此时应本着“预防为主，综合防治”和“治早、治小、治了”的原则，做好防治工作，确保花卉健康生长。

夏季常见的花卉病害主要有白粉病、炭疽病、灰霉病、叶斑病、线虫病、细菌性软腐病等。夏季常见的害虫有刺吸式口器和咀嚼式口器两大类害虫。前者主要有蚜虫、红蜘蛛、粉虱、介壳虫等；后者主要有蛾、蝶类幼虫、各种甲虫以及地下害虫等。

夏季气温高，农药易挥发，加之高温时人体的散发机能增强，皮肤的吸收量增大，故毒物容易进入人体而使人中毒，因此夏季施药，宜将花盆搬至室外，喷施时间最好在早晨或晚上。

养花小贴士：雨季盆花防积水

我国季风性气候显著，夏季多雨，置于露天的盆花，雨后盆内极易积水，若不及时排除盆土水分易造成根部严重缺氧，对花卉根系生长极为不利。特别是一些比较怕涝的品种，如仙人掌类、大丽花、鹤望兰、君子兰、万年青、四季秋海棠以及文竹、山茶、桂花、菊花等，应在不妨碍其生长的情况下，在雨前先将盆略微倾斜。一般不太怕涝的品种，可在阵雨后将盆内积水倒出。如遭到涝害时，应先将盆株置于阴凉处，避免阳光直晒，待其恢复后，再逐渐移到适宜的地点进行正常管理。

38. 小心保护休眠期花卉

有些花卉，例如君子兰、小苍兰、仙客来、倒挂金钟、天竺葵、大岩桐、郁金香、令箭、荷花等，到了夏季高温季节即进入半休眠或休眠状态，表现出生长速度下降或暂停生长，以抵御外界不良环境条件的危害。为使这类花卉安全度过夏眠期，须针对它们休眠期的生理特点，采取相应措施精心护理。

（1）通风、喷水

入夏后，应将休眠花卉置于通风凉爽的场所，避免阳光直射，若气温高时，还要经常向盆株周围及地面喷水，以达到降低气温和增加湿度的目的。

（2）浇水量应合适

夏眠花卉对水分的要求不高，要严格控制浇水量。若浇水过多，盆土过湿，花卉又处于休眠或半休眠状态，根系活动弱，容易烂根；若浇水太少，又容易使植株的根部萎缩，因此以保持盆土稍微湿润为宜。

（3）雨季进行避风挡雨

由于夏眠花卉的休眠期正值雨季，如果植株受到雨淋，或在雨后盆中积水，极易造成植株的根部或球根腐烂而引起落叶。因此，应将盆花放置在能够避风遮雨的场所，做到既能通风透光，又能避风挡雨。

（4）夏眠花卉不要施肥

对某些夏眠的花卉，在夏季，它们的生理活动减弱，消耗养分也很少，不需要施肥，否则容易引起烂根或烂球，导致整个植株死亡。

此外，在仙客来、风信子、郁金香、小苍兰等球根花卉的块茎或鳞茎休眠后，可将它们的球茎挖出，除去枯叶和泥土，置于通风、凉爽、干燥处贮存（百合等可用河沙埋藏），等到天气转凉，气温渐低时，再行栽植。

养花小贴士：夏季怎样养护仙客来？

仙客来以其花型别致而深受人们喜爱，但也因其越夏困难而未能得到广泛种植。5 月中下旬，仙客来花期结束后，应停止浇水，使盆土自然干燥。待叶片完全脱落后，将枯叶去掉，放在室内通风阴凉处，使其完全休眠。

整个夏季停止浇水，8 月中下旬可逐渐给水并逐渐移至散射光下，2 周后进行正常管理，给以适当的肥水，春节期间就可正常开花。若想使其“五一”开花，可延迟 1 个月左右再浇水。

39. 秋季花卉养护事项

秋天气温适宜，阳光充足，是花卉的生长高峰期。为使花卉能度过即将到来的寒冬，在秋天就应该做好花卉的养护管理。

（1）光照

由于秋天日照逐渐减少，夏季放置在庇荫处的花卉，比如：棕竹、橡皮树、散尾葵、文竹等，此时应将它们移到早、晚有阳光照射的地方。

（2）花期调控

两年生或多年生作一二年生栽培的花草、部分温室花卉及一些木本花卉都宜进行秋播。牡丹、芍药、郁金香、风信子等球根花卉宜在中秋季节栽种，盆栽后放在3～5℃的低温室内越冬，使其接受低温锻炼，以利来年开花。

（3）浇水

初秋气温相对较高，而且空气相对干燥。对大多数盆栽花卉和盆景，浇水需坚持“不干不浇、浇则浇透”的原则。浇水时间在上午10时以前，下午3时以后，同时可辅以叶面喷水。

（4）施肥

秋季是大部分花卉旺盛生长的时期，一些夏季处于休眠和半休眠状态的花卉也开始恢复了生长，此时应当重视施肥。如菊花、蜡梅、白玉兰、蟹爪兰、瑞香、兜兰等均在秋天孕蕾；而月季、君子兰等既长枝叶，又孕蕾，此时应该给花卉施入1次氮、磷、钾肥，这样既能使花卉茁壮繁茂还能提高花卉入冬后的抗寒能力。

（5）换盆

凡是花盆过小、根系密布盆壁的花卉，都应在秋季调换大盆，这样利于

花卉的生长。即使是不需要换盆的花卉也应翻盆换土。

（6）采种

盆栽花草以及部分木本花卉均在秋季成熟，要随熟随收。采收后及时晒干、脱粒，除去杂物后选出籽粒饱满、粒形整齐、无病虫害、具有本品种优良基因的种子，放室内通风、阴暗、干燥、低温的地方贮藏。对于一些种皮较厚的种子，如牡丹、芍药、蜡梅、玉兰、含笑、五针松等采收后宜将种子用湿沙土埋好，进行层积沙藏，以利来年发芽。

（7）病虫防治

在秋季，香石竹、满天星、菊花等花卉要谨慎防治菜青虫的危害，菊花还要防止蚜虫侵入，以及预防发生斑纹病。非洲菊在秋天容易受到叶螨、斑点病等病虫害。月季要防止感染黑斑病、白粉病。香石竹要防止叶斑病的侵染。

盆栽梅花、海棠、寿桃、碧桃等花卉在秋季容易受到桃红颈天牛虫害，可以通过施呋喃丹颗粒进行防治。但要注意：呋喃丹之类药物只适用于花卉，对果蔬类植物并不适用。如果使用也需要按严格的剂量规定，不能随意喷洒，以免威胁人体健康。

总之，秋季花卉的病害应该以预防为主，注意通风，降低温室内空气湿度，增施磷钾肥，以提高植株抗病能力。

养花小贴士：秋季修剪花卉，保留养分是关键

入秋之后，平均气温保持在20℃左右时，多数花卉易萌发较多嫩枝，除根据需要保留部分枝条外，其余的均应及时剪除，以减少养分消耗，为花卉保留养分。

对于保留的嫩枝也应及时摘心。例如菊花、大丽花、月季、茉莉等，秋季现蕾后待花蕾长到一定大小时，仅保留顶端一个长势良好的大蕾，其余侧蕾均应摘除。天竺葵经过一个夏天的不断开花之后，需要截枝与整形，将老枝剪去，只在根部留约10厘米高的桩子，促其萌发新枝，保持健壮优美的株形。菊花进行最后一遍打头，同时多追肥，到花芽出现后注意将侧芽摘去，以保证顶芽有足够养分。而对榆、松、柏树桩盆景来说是造型、整形的重要时机，可摘叶、攀扎、施薄肥、促发新叶，叶齐后再进行修剪。

40. 凉爽秋季，适时入花房

进入秋季之后，天气开始变凉，但是有时阳光依然强烈，所以有“秋老虎”的说法。这对花卉来说是个威胁，所以在初秋时节，花卉的遮阴措施依然要进行，不能过早地拆除遮阴帘，只需在早晨和傍晚打开帘子，让花卉透光透气即可，到了 9 月底 10 月初再拆除遮阴帘。

到了深秋时节，花卉的防寒成为重要工作，北方地区寒露节气以后大部分盆花都要陆续搬入室内越冬，以免受寒害。

秋季，不同花卉入室时间也有差异。米兰、富贵竹、巴西木、朱蕉、变叶木等热带花木，俗称高温型花木，抗寒能力最差，一般在常温 10℃以下，即易受寒害，轻则落叶、落花、落果及枯梢，重则死亡。所以此类花木要在气温低于 10℃之前就搬进房内，置于温暖向阳处。天气晴朗时，要在中午，开窗透气，当寒流来时，可以采用套盆、套袋等保暖措施。当温度过低时，要及时采取防冻措施。

对于一些中温型花卉，比如康乃馨、君子兰、文竹、茉莉及仙人掌、芦荟等，在 5℃以下低温出现时，要及时搬入房内。天气骤冷时，可以给花卉戴上防护套。

山茶、杜鹃、兰花、苏铁、含笑等花卉耐寒性较好，如果无霜冻和雨雪，就不必急于进房。但如果气温在 0℃以下时，则要搬进室内，放在朝南房间内。而耐寒性更强的花卉可以不必搬进室内，只要将其置于背风处即可。这些花卉遇上严重霜冻天气，临时搭盖草帘保温即可。五针松、罗汉松、六月雪、海棠等花卉都属此类。

入室后，要控制花卉的施肥与浇水，除君子兰、仙客来、鹤望兰等冬季开花的花木之外，一般 1～2 周浇 1 次水，1～2 月施 1 次肥或不施肥，以免肥水过足，造成花木徒长，进而削弱花卉的御寒防寒能力。

养花小贴士：为什么花卉要在秋天进行御寒锻炼？

御寒锻炼就是在秋季气温下降时将花卉放置在室外，让其经历一个温度变化过程，在生理上形成对低温的适应性。

御寒锻炼主要是针对一些冬季不休眠或半休眠的花卉而言的，冬季休眠的花卉不需要进行御寒锻炼。

在进行御寒锻炼时应注意以下4点：

(1) 气温下降厉害时，应将花卉搬回室内，防止气温突降对其造成伤害。

(2) 降霜前应将花卉搬至室内，遭霜打后叶片易冻伤。

(3) 抗寒锻炼是有限度的。植物不可能无限度地适应更低的温度，抗寒锻炼也不可能使花卉突破自身的防寒能力，经过抗寒锻炼的花卉只是比没经过抗寒锻炼的花卉稍耐冻一些。

(4) 不是每种花卉都能进行抗寒锻炼，如红掌、彩叶芋等喜高温的花卉在秋季气温未下降前就应移至室内培养。

41. 让花卉安全越冬

花卉各有不同的生长习性，应采取不同的管理措施，才能保证其安全越冬。

（1）保证适当的温度

北方地区冬季温度较低，所种养的南方品种的花卉需要移入室内越冬，同时根据不同花卉的要求调节适合的温度。

喜高温的花卉，比如米兰、一品红、非洲凤仙、秋海棠类及仙人球类肉质花卉，应尽量将花盆放置在阳光充足、温度较高、20～25℃之间的室内窗台处，最低不得低于10℃。

喜中温的花卉，比如茉莉、天竺葵、月季、万年青类，适合温度为18～22℃的环境中，温度不得低于6℃。

喜低温的花卉，例如金橘、桂花、兰花类，环境温度应保持在12～15℃之间，温度不得低于2℃。

此外，冬、春季开花的花卉及喜光照、温暖的花卉，比如仙客来、茶花、一品红、米兰、茉莉等，应放在窗台或靠近窗台的阳光充足处。那些喜阳光但能耐低温的常绿花卉或处于休眠状态的花卉，比如桂花、柑橘类，可放在有散射光的冷凉处。对光照要求不严格的花卉，比如盆栽睡莲、月季，可放在没有光照的阴冷处。

（2）施肥、浇水都要有节制

进入冬季之后，很多花卉进入休眠期，新陈代谢极为缓慢，对肥水的需求也就大幅减少了。除了秋、冬或早春开花的花卉以及一些秋播的草本盆花，根据实际需要可继续浇水施肥外，其余盆花都应严格控制肥水。处于休眠或半休眠状态的花卉则应停止施肥。盆土如果不是太干，就不必浇水，尤其是耐阴或放在室内较阴冷处的盆花，更要避免因浇水过多而引起花卉烂根、落叶。

梅花、金橘、杜鹃等木本盆花也应控制肥水，以免造成幼枝徒长，而影响花芽分化和减弱抗寒力。多肉植物需停止施肥并少浇水，整个冬季基本上保持盆土干燥，或约每月浇 1 次水即可。没有加温设备的居室更应减少浇水量和浇水次数，使盆土保持适度干燥，以免烂根或受冻害。

冬季浇水宜在中午前后进行，不要在傍晚浇水，以免盆土过湿，夜晚寒冷而使根部受冻。浇花用的自来水一定要经过 1～2 天日晒才能使用，若水温与室温相差 10℃以上则容易伤根。

（3）合理增加空气湿度

冬季空气干燥，尤其是北方的天气更是干燥，空气湿度过低就会影响到花卉的生长。

山茶、杜鹃、安祖花、兰花、吊兰、文竹、石菖蒲、虎耳草等花卉要求空气相对湿度不能低于 80%。白兰、扶桑、吊金钟、仙客来、茉莉、橡皮树、龟背竹、米兰、含笑、海桐、仙人掌类花卉要求空气相对湿度不得低于 60%。

如果湿度不足，可以采用喷水的方法来解决，喷水的时间宜在晴天中午前后，如果在阴天或者傍晚时候喷水，夜晚温度低，就容易造成植株冻伤。一些对湿度要求较大的花卉，可以用塑料薄膜将其罩起来，这样有利于保持内部空气湿度和防寒，也防止植株上落灰尘，使植株更加鲜亮可爱。套袋的花卉要适时摘下套袋，让花卉透透气，否则花卉因为憋得时间长，抵抗力会下降。

（4）注意病虫害防治

为了保证植株强健，提高其抗寒能力，就要降低盆土湿度，并辅之以药剂。冬季虫害主要是甲壳虫和蚜虫。在冬季可以在一些花卉的枝干上涂白，这样不仅能有效地防止冬季花木的冻害、日灼，还会大大提高花木的抗病能力，而且还能破坏病虫的越冬场所，起到既防冻又杀虫的双重作用。

配制涂白剂方法是把生石灰和盐用水化开，然后加入猪油和石硫合剂原液充分搅拌均匀便可。

同时要注意，生石灰一定要充分溶解，否则容易烧伤花卉枝干。

养花小贴士：注意经常清洁叶面

因为冬季空气相对比较干燥，落在花卉上的尘土就会相对较多，花卉上落了尘土不仅影响美观，也不利于植株的光合作用，所以需要及时对花卉进行清洗。可以用小镊子夹住一小块泡沫塑料或海绵等物，蘸上少量极稀薄的中性洗衣粉液轻轻地刷洗枝叶，刷完后立刻用清水把洗衣粉剩液淋洗干净，然后自然风干便可。

42. 观叶花卉的冬季养护

要使原产于热带和亚热带地区的观叶花卉在冬季保持叶片翠绿，生机盎然，应注意以下几点：

（1）放置场所

观叶花卉入室后，应分门别类放置，将喜阳的植物放在阳光充足的窗边；若属耐阴性强的植物，则宜放置于无光照的地方，或接受少许的散射光。对那些吊盆、挂盆类观叶花卉也应经常调换位置，让其适当接受一些光照。一些具有彩色斑纹的植物如金心龙血树、彩叶芋等，在散射光下培植有利于色彩的充分表现，过于荫蔽则会使彩色消失或不鲜艳，而光照过强则叶片发黄，失去彩纹。因此，在冬春季应给予一定的光照，以利于植物生长，增强抗逆性。

（2）调控温度

大部分观叶花卉抗寒及耐高温性差，冬季到来后，室内的昼夜温差应尽可能小些，黎明时的室内最低温度不能低于5～8℃，白天应达到20℃左右。此外，在同一房间内也会产生温差，因此，可将抗寒能力弱的植物放在高处。放在窗台的观叶花卉，容易遭受寒风侵袭，应使用厚窗帘遮挡。对少数极不耐寒的种类可采用局部分隔或设小间再覆膜等方法保温过冬。

（3）调节湿度

冬季室内植物若出现叶片枯萎、落叶现象，最主要的原因是空气湿度低，必须尽量创造一个较湿润的环境。每天应定时用20℃左右的温水向叶片喷水雾1～2次，以叶片不滴水为宜。如条件许可的话，最好经常在盆花的四周洒水，增加小范围的空气湿度。如室内空气特别干燥（室内装有暖气或烧火取暖），造成叶片焦黄时，就要尽快采取塑料袋全罩法，将受害严重的盆花密封

隔离保护起来，使其在空气较湿润的小环境中逐步得到恢复，防止危害进一步加重。

（4）水肥适宜

观叶类植物一般叶片较多且大，体内水分挥发较快。但因冬季气温低，生长基本停止，根部吸收功能减弱，其需水量也就少。因此，只要叶片不失水发瘪，盆土还是保持偏干为好，切不可浇水过多。除少数在冬季继续生长的花木，每月施1次较淡的肥水外，大多数观叶花木应彻底停肥，以防由于肥力作用，使正常休眠的花木在临时温度回升时发芽，到温度回落时又不能正常老化，消耗体内所存养分，使其不能正常休眠，降低抗寒能力。

养花小贴士：冬季哪些花卉应该入室养护？

冬季室外温度低于0℃的地区，室内又没有取暖设施的，室内温度一般只能维持在0～5℃左右。这类家庭可培养一些耐低温的花卉，如绿巨人、朱蕉、南洋杉、袖珍椰子、天竺葵、洋常春藤、天门冬、白花马蹄莲等。

室内温度如维持在8℃左右，除可培养以上花卉外，还可以培养发财树、君子兰、巴西铁、鱼尾葵、凤梨、合果芋、绿萝等。

室内温度如维持在10℃以上时，还可培养红掌、一品红、仙客来、瓜叶菊、花叶万年青、紫罗兰、报春花、蒲包花、海棠等。这些花卉在10℃以上的环境中能正常生长，此时最好将花卉置于有光照的窗台、阳台上培养，以保证充足的光照。盆土见干后浇透，不能缺水。浇水的同时应注意洒水，以补充室内的空气湿度。少量施肥，并应以液态复合肥为主。

五、庭院花卉篇

在庭院内养花，不仅可以减少空气污染和噪声危害，还能增强人体免疫力，增添生活乐趣。如果你有一方庭院，不妨选择种植一些自己喜爱的花卉，让它四季如春。

43. 小庭院养花要领

通常，小庭院的特点是：地方小，光照少，通风差，湿度大。这些条件对于花卉的生长都是不利的，且容易使花卉产生病虫害。克服这些不利条件的重要办法，就是改地栽为盆栽，架设台阶提高位置。台阶应设在院内光照时间最长的地方，台阶最底层离地 30 厘米以上，上下层高度相差 20～30 厘米。台阶或用砖砌，或架木板，或架水泥板。由于位置的提高，光照就相应增多，湿气也随之减少，植株间距变大，通风自然顺畅。下面讲讲在庭院里养好花卉的要领。

（1）品种

小庭院栽培品种的选择，应以较为耐阴和抗逆力较强的品种为主。如木本花卉中的蜡梅、金橘、米兰、含笑、山茶、杜鹃、天竹、虎刺等；草本花卉中的兰花、吊兰、文竹、石竹、玉簪等；藤本花卉中的金银花、凌霄等。盆架下的地面可种秋海棠、虎耳草、垂盆草等。如果每天太阳照射时间超过 4～5 小时，可考虑种月季和仙人球。

（2）遮光

对一些喜阴的观叶植物种类，如竹芋类、绿宝石、合果芋、黛粉叶、龟背竹等，在正午前后需采取相应的遮光措施。

（3）浇水

浇水应掌握“不干不浇”的原则，在雨季和冬季，尤其要少浇水，“宁干勿湿”，小庭院湿度大，通风性较差，如不控制水分，很容易导致植株烂根黄叶，或产生霉病，导致死亡。所以，宜选择透水通气性好的疏松土壤作栽培用土，花盆大小与植株大小相符合，花盆过大容易造成泥湿而根不发。

（4）施肥

庭院花卉在施肥时，要针对季节和品种的不同采取相应措施。

①对秋凉后恢复生长的夏眠花卉，要及时施肥，以低浓度的速效液态肥为好，对冬季或早春开花的瓜叶菊、报春花、君子兰、仙客来、墨兰、水仙、山茶、梅花、蜡梅等，应追施0.2%磷酸二氢钾和0.1%尿素的混合液。

②对观果类盆栽，如柠檬、金橘、天竺、冬珊瑚、富贵籽等，10月上中旬可少量追施磷钾肥。对多数观叶植物，在10月中旬后，要停施氮肥，适当追施些低浓度的钾肥，以抵御严寒。

（5）修剪

对多数冬天须移入室内的盆景、盆花，在10月中下旬，应将枯枝败叶、病虫枝、瘦弱枝等剪去；对徒长枝，要进行缩剪；对已造型1～2年的绑扎物，可先解去，或在解开后重新绑扎，以免因长时间在固定位置上勒捆，造成枝叶枯死。

（6）防病虫害

在平时应注意松土除草，防止病虫害。一旦发现病虫害，要及时杀灭，并去除病枝病株，以防止病虫害蔓延。

养花小贴士：巧用攀缘植物绿化墙面

墙面如有攀缘植物，可以遮挡太阳辐射和吸收热量。另外，墙面绿化还可减弱城市噪声，当噪声声波通过浓密的藤叶时，约有26%的声波会被吸收掉。攀缘植物的叶片多有茸毛或凹凸的脉纹，能吸附大量的飘尘，从而起到过滤和净化空气的作用。

不过，对墙面绿化的植物的挑选要求比较苛刻，最好选择浅根、耐瘠薄、耐旱、耐寒的强阳性或强阴性的攀缘植物。

常见的攀缘植物如下。

（1）常春藤：四季常青，耐阴性强，是很好的室内观叶植物。喜温暖，可耐短暂－5～－7℃低温，既喜阳也极耐阴。

（2）凌霄：花期7～8月，花漏斗形，橙红色。茎上有气生根并有卷须，其攀缘生长可高达10余米。在立柱上缠绕生长宛若绿龙，柔条纤蔓，随风摇曳，特别美观。

（3）茑萝：一年生草本，7～9月开花。若将其植于棚架、篱笆、球形或其他造型支架下，缠绕其上，格外美丽。

（4）紫藤：4～5月开淡紫色花，夏末秋初常再度开花。

（5）爬山虎：为落叶攀缘植物，覆盖面积大，生存能力强。在墙角种植，靠气根吸墙而上，一两年便能形成一道绿屏，是绝好的墙面绿化材料。

44. 杜鹃花的栽培与养护

杜鹃花属杜鹃科杜鹃属植物，俗称映山红、马樱花、山石榴、山枇杷等。花 2～6 朵生于枝顶，先于叶开放，花期在 4～6 月。杜鹃可盆栽或制作盆景供室内观赏，也可在庭院中成片栽植，或栽于路旁、院墙边做花篱。

（1）栽培要点

①习性：杜鹃花喜欢湿润和凉爽，喜肥但忌浓肥，喜欢微酸性、不含钙镁的水和土，较耐寒，喜半阴，忌烈日暴晒。

②光照：杜鹃花对阳光需求较大，开花期间，中午要进行短时间遮阴，透光率 60％；梅雨期间，正是杜鹃花抽叶发枝期，应尽可能见阳光。

③温度：温度过高或过低，对杜鹃花均有损伤，只有在适温的条件下，才能迅速而茁壮地生长。杜鹃花应在霜降期间移入室温不低于 5℃的房里，春天出房以夜晚保持 15℃，白天保持 18℃左右为宜，生长期的温度为 12～25℃。

④土壤：盆土以肥沃、疏松、排水良好，pH 值在 4.5～6 的酸性土为宜，可由腐叶土、苔藓、山泥以 2∶1∶7 的比例混合而成，也可用松针土、腐叶土、兰花泥、锯末等。

（2）养护管理

①浇水：杜鹃花怕燥热和水涝。浇水四季有别，冬季偏干，夏季可偏湿。春秋两季是植物生长旺季，水分要充足，但不能过勤。浇杜鹃花最好用酸性水，以 pH 值 5～6 为宜。如果用自来水需要晾晒 1～2 天使用。土壤不干不浇，浇必浇透。

②施肥：杜鹃花谢后每 3 周施用 1 次专用肥，连续施用 2～3 次。7 月下旬新生枝条开始呈半木质化，也是花芽分化的开始，这时每 3 周施用 1 次专

用肥，连续施用3～4次。冬季停止施肥。杜鹃花每次施肥都不宜过多，专用肥每次施用20～30粒即可。

③修剪：结合换盆适当进行修枝整形，剪除过密枝、交叉枝、纤弱枝、徒长枝和病虫枝，有利改善通风透光条件，使主枝强壮，并促使萌发新梢，来年则花多、朵大、色艳。杜鹃花开花后，残花不易脱落，为不使其消耗更多的养分，应将残花摘去。植株较矮的夏鹃，枝多横生，春季以后根部枝干上易萌发小枝，为使养分集中供给主枝和花朵的生长发育，应及时剪去小枝。发现花蕾过多，应及时摘除，使每根花枝保留1朵花为宜。

④繁殖：杜鹃花的繁殖方式有分株、压条、扦插、播种等。分株繁殖是在丛生的大株落花后进行；压条繁殖是在3～4月进行，在枝条茎部削约3～4厘米，用土埋上，枝梢上部留出土外，1年后自压条茎部切离分栽；扦插繁殖选用当年生嫩枝作插穗，在4～6月间剪取5～6厘米长的新梢，顶部留2～3片叶，插入疏松的酸性土中；播种繁殖在春季进行。

⑤病虫害防治：杜鹃最常见的病害是褐斑病，常见害虫有顶芽卷叶虫、红蜘蛛和军配虫，要注意及时防治。

养花小贴士：如何调控杜鹃的花期？

要提早杜鹃的花期，可在秋末气温下降前，将杜鹃移入温室内，保持20℃左右的温度。阴凉的环境、湿润的土壤可延长杜鹃的花期。推迟杜鹃的花期，可将有花蕾的杜鹃放入3～4℃的冷室中，并于计划花期前15天左右移出室外，正常管理即可。

45. 牡丹的栽培与养护

牡丹又名百花王、富贵花，是原产于我国的落叶小灌木。牡丹生长缓慢，株型小，株高多在 0.5～2 米之间；根肉质，粗而长，中心木质化，长度一般在 0.5～0.8 米，极少数根长度可达 2 米；叶互生，枝上部常为单叶，小叶片有披针、卵圆、椭圆等形状，顶生小叶常为 2～3 裂，叶上面为深绿色或黄绿色，下为灰绿色，光滑或有毛；花单生于当年枝顶，两性，花大色艳，形美多姿，而且品种繁多。可在居住院落中筑花台丛植，也适于盆栽观赏，可置于室内或阳台，还可做切花。

（1）栽培要点

①习性：牡丹喜光，亦稍耐阴，喜凉恶热，宜燥惧湿，耐寒，适宜疏松、肥沃、排水良好的中性壤土或沙壤土，忌黏重土壤。

②光照：牡丹地栽时，需选地势较高的朝东向阳处，盆栽时应置于阳光充足的地方。

③温度：牡丹耐寒，可不耐高温。华东及中部地区，露地越冬气温到 4℃时花芽开始逐渐膨大。牡丹生长适宜温度为 16～20℃，若低于 16℃则会不开花；在夏季高温时，植物呈半休眠状态。

④土壤：盆土可按 3 份园土、3 份腐叶土、2 份素沙和 2 份煤渣混合配制。

（2）养护管理

①浇水：牡丹宜干不宜湿。因为牡丹是深根性肉质根，怕长期积水，因此平时浇水不宜过多，以适当偏干为宜。

②施肥："清牡丹"，"浊芍药"，意思是说栽培牡丹基肥要一次放足。基肥可用堆肥、饼肥或粪肥。通常以 1 年施 3 次肥为好：开花前半个月浇 1 次

以磷肥为主的肥水，开花后半个月施 1 次复合肥，在入冬之前施 1 次堆肥，以保第二年开花。

③修剪：盆栽时，为便于管理，可于花开后剪去残花连盆埋入地下。秋冬季节，结合清园，剪去干花柄、细弱枝、枯枝、病虫枝，并结合修剪进行疏芽、抹芽工作，每枝上保留 1 个充实健壮芽，余芽除掉，并将老枝干上发出的不定芽全部清除。

④繁殖：牡丹多以分株法、播种法进行繁殖。分株法简便易行，成活率高，苗木生长旺盛，分株后的植株开花较早。分株法能保持品种的优良特性，但繁殖系数较低，主要在秋季进行。先把 4～5 年生、品种纯正、生长健壮的母株挖出，去掉附土，按其枝、芽与根系的结构，顺其自然生长的纹理，用手掰开。分株的多少，应以母株丛大小，根系多少而定，一般可分 2～4 株。为了避免病菌侵入，伤口可用 1%硫酸铜或 400 倍多菌灵药液浸泡，以消毒灭菌。播种法主要用来大量繁殖嫁接用的砧木或培育新品种。播种时间一般在 9 月上旬左右。牡丹种子在 8 月下旬开始成熟，当果皮变成棕黄色时采收。由于品种不同，成熟期有早、晚之分，应分批采收，将果实采后放在阴凉通风处或置于室内摊晾。等种皮变成黑色，果实自然开裂时，将种子剥出，晾 2～3 天后，便可进行播种。

⑤病虫害防治：牡丹常见病害有叶斑病、紫纹羽病、炭疽病、褐斑病、红斑病和锈病等，常见害虫有线虫、蛴螬和地老虎等，要注意及时防治。

养花小贴士：如何使牡丹的花开得又多又大？

要使牡丹开花繁茂，必须保持枝量均衡，养分集中。一般在秋季栽植以后，多实行平茬，这样到了第二年春天时，可在根茎处萌发出许多新芽。待新芽长至 10 厘米左右时，可从中挑选 4～5 个生长健壮、充实者保留下来，作为骨干枝，余者全部除掉，以集中营养，使第二年花大色艳。以后每年或隔年断续选留 1～2 个新芽作为枝干培养，以使株丛逐年茂盛。

46. 芍药的栽培与养护

芍药又名娇容、没骨花，是原产于我国北部的多年生宿根草本植物。花单瓣或重瓣，微香，有白、粉、红、紫、黄、绿、黑和复色等，花期在4～5月。园艺品种有200多个。芍药花大色艳，常用于花坛配置，可做切花，用高桩的大盆栽植，用于装饰或供人观赏。

（1）栽培要点

①习性：芍药喜光、耐寒，喜夏季凉爽、干燥的气候。喜湿润，但怕水涝，要求深厚肥沃、排水良好的沙壤土，低洼盐碱地不宜栽培。

②光照：芍药对光照要求不高，夏季宜放置于半阴半阳处，忌烈日暴晒。盆栽芍药在烈日下易焦叶，因此，应注意遮阴。

③温度：芍药最适生长温度为20～25℃，若高于30℃则对其生长不利。控温宜前期15～20℃，大约10天；中期15～25℃，大约15天；后期20～25℃，大约20～25天。高温最好不要超过28℃，低温不可低于12℃。同时避免剧烈的温度变化。

④土壤：盆土可用4份园土、3份腐叶土和3份素沙混合配制。

（2）养护管理

①浇水：芍药怕涝，一般不需要经常浇水，但过于干燥也会生长不良，建议每次施肥后，要浇足水，并应立即松土，以减少水分蒸发。

②施肥：芍药好肥，施肥时期一般为展叶现蕾后，绿叶全面展开，花蕾发育旺盛，此时的需肥量较大，开花后开始孕芽，消耗的养料很多，是整个生育过程中需要肥料最迫切的时期。施用肥料时应注意氮、磷、钾三要素的配合，特别对含有丰富磷质的有机肥料，尤为需要。

③修剪：花后及时剪去残花，使光合作用产物输入地下以充实肉质根，

以利来年继续开花。为了让花朵大，在花蕾显现后不久，应及时剥去主蕾周边的侧花蕾，确保一茎一花。10月下旬地冻前，在离地面7～10厘米处剪去枝叶，在根际培土约15厘米，以利越冬。

④繁殖：芍药的繁殖有分根繁殖和播种繁殖等方法，多采用分根繁殖法。秋季结合收刨芍药，先选取根粗长均匀、顶芽粗壮，且无病虫害的芍药植株，将直径0.5厘米以上的大根切下入药，再留下具有芽头，也称芍头的根丛作种用。将作种用的芽头按照大小和自然生长形状分块，也称芍芽，每块以带粗壮芽2～3个、厚度在2厘米左右为宜。每亩芍药根的芍芽可定植3～5亩大田。芍芽应随切随栽，要是一时栽不完，可将芍芽贮藏到20厘米深的湿沙坑内。播种繁殖，种子宜当年收当年种，种子放的时间越长，发芽率越低。用种子繁殖，从下种到植株开花大约需4～5年，而且速度较慢，也易发生变异，多为单瓣花。

⑤病虫害防治：芍药主要病害有褐斑病、叶斑病、炭疽病、锈病、疫病等，主要害虫有介壳虫、卷蛾等，要注意防治。

养花小贴士：为什么栽植多年的芍药不开花？

芍药不开花的原因与栽植时间不对、花期土壤缺水、生长期缺肥有关。民间有“春天栽芍药，到老不开花”的谚语，芍药应在9月下旬至10月上旬栽植。芍药喜湿，开花期要保证根系供水充足。芍药好肥，早春发芽以后应施1～2次稀豆饼水并加入少量磷酸二氢钾，生长期保持湿润，这样花蕾就不会枯黄；花后剪去残花及花梗，并施肥1～2次，对花芽分化有重要作用；秋季施一次有机肥，为来年开花打下基础。

47. 百日草的栽培与养护

百日草又名百日菊、步步高，是原产于墨西哥的一年生草本植物。头状花序，花径 4～10 厘米。花瓣呈倒卵形，有白、绿、黄、粉、红、橙等色，花期在 6～9 月。常见栽培品种有大花重瓣型、大丽花型、纽扣型、斑纹型、鸵羽型等。百日草常用于布置花坛，装点庭院，盆栽可美化居室、阳台、厅堂，同时也是优良的切花材料。

(1) 栽培要点

①习性：百日草喜光，能耐半阴；喜温暖，不耐寒，忌酷热；喜湿润，耐干旱，要求肥沃而排水良好的壤土；不宜连作。

②光照：百日草为短日照植物，在每天光照 14 个小时下，株高增加，舌状花较多；在每天光照 9 个小时下，舌状花变小而管状花增多。

③温度：百日草生长势强，喜温暖、干燥和阳光充足的环境。生长适温为 15～30℃，不耐酷暑，当气温高于 35℃时，长势明显减弱，且开花稀少，花朵也较小。

④土壤：盆土可用疏松、肥沃、排水良好的壤土，或 4 份园土、3 份腐叶土和 3 份素沙混合配制。

(2) 养护管理

①浇水：平时掌握“不干不浇水”的原则，在夏季高温时期注意多喷水。

②施肥：定植成活后，在养苗期施肥不必太勤，一般每月施 1 次液肥。接近开花期可多施追肥，每隔 5～7 天施 1 次液肥，直至花盛开。

③修剪：在百日草花残败落时，要及时从花茎基部留下 2 对叶片，剪去残花，以免在切口的叶腋处诱生新的枝梢。

④繁殖：百日草常用播种和扦插法繁殖。播种可于 3 月末至 4 月初播于

花盆中，播后7～10天发芽。播种至开花时间长短因品种而异，一般为45～75天。如果用于秋季花坛布置，常夏播，并摘心1～2次。扦插繁殖一般在6～7月进行。剪取长10厘米的侧枝，插入沙床，插后15～20天生根，25天后可盆栽。

⑤病虫害防治：百日草的主要病害有苗期猝倒病、茎腐病、白星病、叶斑病（又称黑斑病），害虫主要有夜蛾、红蜘蛛、叶螨等，要注意防治。

养花小贴士：如何使百日草矮化抗倒伏？

为防止百日草在生长后期徒长而倒伏，通常采取以下措施加以控制：一是选择矮茎品种；二是适当降低种植密度，加大株、行距；三是控制氮肥施用量；四是及时摘心，促进腋芽生长。具体操作一般在株高10厘米左右时进行，留下2～4对真叶后摘心。要想使植株低矮而开花，常在摘心后腋芽长至3厘米左右时喷矮壮素。

48. 夹竹桃的栽培与养护

夹竹桃叶似竹而花似桃，由此得名“夹竹桃”，也有人说叶似柳而花似桃，因而又叫它“柳叶桃”。夹竹桃为夹竹桃科常绿灌木或小乔木，株高可达5米，老枝灰色，光滑，叶单质，深绿色。花序顶生，花冠漏斗状，乳白色或粉红色，略有香味。夹竹桃植株姿态潇洒，花色艳丽，而兼有桃竹之胜，自初夏开花，经秋乃止，是点缀庭院的好花。

（1）栽培要点

①习性：夹竹桃喜光，但也能适应较阴的环境，喜温暖湿润的气候，耐寒力不强，在我国长江流域以南地区可以露地栽植，在北方只能盆栽观赏，室内越冬。不耐水湿，要求选择高燥和排水良好的地方栽植。叶、树皮、根、花、种子有毒，误食可致死。

②光照：夹竹桃喜欢日光充足的生长环境，稍耐阴。在栽培养护过程中，应该保证植株每天接受不少于6小时的直射阳光。

③温度：夹竹桃喜温暖，稍耐寒，在14～30℃的温度条件下生长良好。在入冬后，我国北方地区栽种的盆栽夹竹桃要搬入室内或温室内越冬，否则容易发生冻害。较小的植株在霜降前就要移入室内养护，翌年4月再搬到室外进行常规管理。

④土壤：盆土可用园土5份、沙土4份、饼肥末1份或用腐叶土4份、园土、腐熟厩肥土、沙土各2份混合配制的培养土，并在盆底放入骨粉作基肥。

（2）养护管理

①浇水：夹竹桃虽喜水但怕涝，遇连阴雨天应及时倾倒盆内积水，以防烂根。浇水过多，叶片会变黄脱落，影响翌年开花。春秋季节浇水要见干见

湿，以保持盆土湿润为宜。夏季正是夹竹桃生长旺盛和开花时期，因此需要水分较多，宜每天早晚各浇1次水，并注意经常喷洗枝叶，以保持叶面清新碧绿。10月中旬入室，入室后要控制浇水，切忌水量过大，不然容易烂根、脱叶，影响翌年生长。

②施肥：夹竹桃喜肥，从出室到花谢（霜降）可每隔20天左右施1次稀薄液肥。立秋后夹竹桃生长迅速，此时可每隔15天左右施1次肥水直至入室前为止。

③修剪：夹竹桃春季萌发需进行整形修剪，如果多年不进行修剪，则枝条长得很细，老叶脱落，下部空虚。花、叶都集中在很高的顶端，树形十分难看，影响观赏效果。对植株中的徒长枝和纤弱枝，可以从基部剪去，对内膛过密枝，也宜疏剪一部分，使枝条分布均匀、树形丰满。

④繁殖：夹竹桃开花常不结果，故常用扦插法繁殖。硬枝扦插时间在4月初，嫩枝扦插宜在6～7月进行。剪取健壮的1年生枝条，截成15～20厘米长的茎段，将上部叶片剪去，先放入清水中浸泡催根，水深达插穗的1/3，每2天换1次清水；浸插在水中10天左右，见到水浸的皮部出现小白点时再将其插入素沙土中，半个月左右即可生根，1个月后便可移植。

⑤病虫害防治：夹竹桃常发生叶斑病、肿瘤病危害，可用70%代森锰锌可湿性粉剂600倍液喷洒。虫害有甲壳虫和蚜虫危害，可用25%噻嗪酮乳油2000倍液喷杀。

养花小贴士：注意及时给夹竹桃疏根

夹竹桃毛细根生长较快。三年生的夹竹桃，栽在直径20厘米的盆中，当年7月前即可长满根，形成一团球，妨碍水分和肥料的渗透，影响生长。如不及时疏根，会出现枯萎、落叶、死亡等情况。疏根时间最好选在8月初至9月下旬，此时根已休眠，是疏根的好机会。

49. 木槿的栽培与养护

木槿，别名篱障花、灯盏花，为锦葵科、木槿属植物。在北方为落叶直立灌木，在南方能长成小乔木，可高达2～6米。单叶互生，菱状卵形。夏秋季开花，单瓣或重瓣，有紫红、粉红、白等色。木槿虽朝开暮落，但逐日开放，络绎不绝，而且花期长，花色丰富艳丽，是公园、庭院的重要观花灌木之一。

（1）栽培要点

①习性：木槿喜阳光也能耐半阴。耐寒，在华北和西北大部分地区都能露地越冬。怕干旱，对土壤要求不高，较耐瘠薄，能在黏重或碱性土壤中生长。

②光照：木槿对光照要求不严格，既可在阳光普照下生长，也能在半阴环境下生长。

③温度：木槿最适宜的生长温度为20℃，能忍耐－15℃的低温，在寒冷的北方地区，冬季应采取防寒措施，否则会受冻害。在黄河流域及其以南地区可露地越冬。

④土壤：木槿盆栽很容易，盆土用3份园土、2份腐叶土、1份鸡粪、1份炉渣过筛配好即可。

（2）养护管理

①浇水：木槿栽植后应浇透水；生长期要经常浇水，保持土壤湿润。

②施肥：当枝条开始萌动时，应及时追肥，以速效肥为主，可促进营养生长；现蕾前追施1～2次磷、钾肥，可促进植株孕蕾；5～10月盛花期间结合除草、培土进行追肥2次，以磷钾肥为主，再辅以氮肥；在冬季休眠期间进行除草清园，在植株周围开沟或挖穴施肥，以农家肥为主，辅以适量无机

复合肥，以保证来年生长及开花所需养分。

③修剪：栽后和春季萌芽前要对其进行整形，通过疏枝、短截，形成美观树形。及时剪去枯枝、密枝，保持植株通风透光。

④繁殖：木槿可用种子繁殖，也可用扦插繁殖，栽培上一般采用春季扦插繁殖，这样当年夏秋季节就可以开花。其扦插方法是：在气温稳定达到15℃以后，选择1～2年生健壮未萌芽枝条（如扦插时木槿枝条已萌芽长叶，应将新叶摘除），截成长15～20厘米的小段，将木槿枝条插入，入土深度以10～15厘米为佳，即入土深度为插条的2/3，把土壤压实，插后立即灌足水，但需强调的是，此时不必施任何基肥。

⑤病虫害防治：木槿病害主要有炭疽病、叶枯病、白粉病等，害虫主要有红蜘蛛、蚜虫、蓑蛾、夜蛾、天牛等，要注意防治。

养花小贴士：木槿春季控长促壮要领

进入春节后，木槿进入生长高峰，此时要防止其贪长冒条，应从三个方面做起：

(1) 对少数徒长枝做折绑处理，握住枝条，轻轻一折，让枝条裂而不断，然后用鲜榆树皮扎紧，可在晴天下午进行，这样不会使其叶子脱落。

(2) 节制浇水，“干粗壮，湿徒长”，盆土宜偏干，手指插盆表土1厘米处，无润感时再浇水，或眼看叶片发蔫时再浇水。

(3) 适当减少施肥，节制氮肥，谷雨至芒种施肥3次左右，以复合肥为主，不施或少施氮肥，以促进根茎的生长。

50. 凤仙花的栽培与养护

凤仙花又名指甲花，是原产于我国和印度等地的一年生草本花卉。花期在6～8月。凤仙花品种纷繁，花型有蔷薇型、茶花型、玫瑰型、醉蝶型等，株形有高、中、矮三类，花枝分游龙、龙爪、拥抱等。凤仙花可庭院栽植和盆栽观赏，也可做切花。

（1）栽培要点

①习性：凤仙花喜阳光，怕湿，耐热不耐寒，耐瘠薄，对土壤适应性强，喜潮湿而又排水良好的壤土。

②光照：凤仙花需光照充足的生长环境，但在夏季光照强烈时，需适当遮阴或在中午时将花盆移放到荫蔽处。

③温度：凤仙花发芽的适当温度是22～30℃，播种期为3～4月或9～10月；凤仙花生长的适当温度为15～32℃，开花期为5～7月或12月～翌年2月。另外，此花不耐寒，气温下降到7℃时会受冻害。

④土壤：盆土选用肥沃、排水良好的砂质壤土或用腐叶土1份、园土4份、沙土2份混合配制。

（2）养护管理

①浇水：春末夏初，当温度出现大幅度上升而且久不下雨时，应特别重视水分管理，适宜早晨浇透水，晚上若盆土发干，则需再适量补充水，同时适当给予叶面和环境喷水，忌过干和过湿，甚至可在正午前后将盆栽植株搬到阴处给予遮阴。盛夏空气干燥，需在叶面和盆四周喷水，增加空气湿度。

②施肥：凤仙花应每隔半个月施1次薄肥，直至开花才停止施肥。

③修剪：凤仙花幼苗期除摘心外，植株矮壮后也需要及时修剪，以使株型茂密、整齐，提高观赏的效果。

④繁殖：凤仙花用种子繁殖。3～9 月进行播种，以 4 月播种最为适宜，这样 6 月上、中旬就可开花，花期可维持 2 个多月。在播种前，应将苗床浇透水，使其保持湿润。凤仙花的种子比较小，在播下后不能立即浇水，以免把种子冲掉。然后再盖上大约 3～4 毫米厚的薄土，要注意遮阴，大约 10 天后可出苗。当小苗长出 2～3 片叶时就要开始移植，以后便可逐步定植或上盆培育。

⑤病虫害防治：凤仙花生存力强，适应性好，一般很少有病虫害。如果气温高、湿度大，出现白粉病，可用 50%甲基硫菌灵可湿性粉 800 倍液喷洒防治。如发生叶斑病，可用 50%多菌灵可湿性粉 500 倍液防治。凤仙花主要虫害是红天蛾，其幼虫会啃食叶片。如发现有此虫害，可人工捕捉灭除。

养花小贴士：如何延长凤仙花的花期?

凤仙花通常是在 4 月中旬播种，到 7 月中旬便会开花，一般花期 40～50 天。若要延长花期，可采用分期播种的方法，比如在 7 月下旬播种，便可在国庆期间开花。

51．虞美人的栽培与养护

虞美人又名丽春花、赛牡丹、满园春、仙女蒿、虞美人草，是罂粟科罂粟属草本植物。花卉株高30～90厘米，茎细长，分枝细弱，叶互生，叶片为不整齐羽状分裂，有锯齿，全株具疏毛，有乳汁。花单生枝顶，花梗长，花蕾折垂，花开时随即挺直。虞美人花色极为丰富艳丽，有朱红、墨紫、鲜粉、雪白、三重色等。花仅开1～2天即落，但花蕾繁盛，陆续开放。因其在每年5～6月盛开时，花色绚丽，花姿优美，故被推为春夏期间装饰绿地、花园、庭院的理想花卉之一。

（1）栽培要点

①习性：虞美人耐寒，适宜春季的充足光照和凉爽的气候环境，不耐酷暑湿热。通常在初冬条播于花坛畦地。

②光照：虞美人喜充足的日光照射，天气晴朗的时候，应让花接受日照，日照时间不应少于4小时，否则，植株就会瘦弱，花色暗淡，影响观赏效果。

③温度：虞美人耐寒，怕暑热，但又喜阳光充足的环境；发芽的适宜温度为15～20℃；生长的适宜温度为5～25℃。

④土壤：虞美人不宜在过肥的土壤上栽植，它对土壤要求不高，但由于根系深长，以深厚、肥沃、排水良好的砂质壤土为最好。

（2）养护管理

①浇水：地栽的一般情况下不必经常浇水，保持湿润即可。盆栽视天气和盆土情况可3～5天浇水1次。在越冬时少浇，开春生长时应多浇。另外，雨后应及时排水。

②施肥：在虞美人生长期间每个月施肥1次，不要过量用肥，否则容易发生病虫害。可在4月下旬施1次氮肥，到5月上旬施1次磷钾肥，可促使

花枝开花，且花大色艳、开放有力。

③修剪：虞美人在开花后，要及时剪去凋萎的花朵，这样避免凋萎的花朵继续吸取养分，使余花开得更好，且可延长花期。

④繁殖：虞美人不耐移植，以播种方式繁殖。在春、秋季均可播种，一般情况下，春播在3～4月，花期在6～7月；秋播在9～11月，花期为次年的5～6月。如果为了收集种子，最好采取秋播的方式。土壤整理要细，做畦浇透水，然后撒播或条播。在冬季严寒的华北地区，幼苗难以越冬，因此多采用初冬“小雪”时直播，这样可令其在春季尽早萌芽生长。

⑤病虫害防治：虞美人很少发生病虫害，但若施氮肥过多，植株过密或多年连作，则会出现腐烂病，此时需将病株及时清理，再在原处撒一些石灰粉即可。虫害不多，但有时会遭金龟子幼虫、介壳虫侵害，若发现可用40%氧化乐果1000倍液喷除，每隔7天喷施2次即可灭虫。

养花小贴士：虞美人和罂粟花的区别

虞美人和罂粟花同属罂粟科罂粟属的一二年生草本植物，花的生长、开花习性都比较接近，形态上也较相似，故常被人混淆。但可从以下三点区分虞美人和罂粟花：

(1) 虞美人全株被有明显的茸毛，有乳汁，茎细长，分枝多而纤细；而罂粟花全株被白粉，茎粗壮，分枝少。

(2) 虞美人的花瓣多为薄薄的4片，两大两小，花色有深红、紫红、洋红、粉红、白等，有时为复色，花朵小，花径5～6厘米。罂粟花的花瓣较厚，且多为半重瓣或重瓣，花色多为红色，花朵较大，花径约10厘米。

(3) 虞美人的蒴果呈截顶球形，种子肾形。罂粟花的蒴果呈球形或椭圆形，种子小而多，果实中含吗啡和其他生物碱。

52. 翠菊的栽培与养护

翠菊又名七月菊、江西腊，为菊科一年生草本花卉，栽培地区广泛。按花色可分为蓝紫、紫红、粉红、白、桃红等色。按株型可分大型、中型、矮型。大型株高50～80厘米；中型株高35～45厘米；矮型株高20～35厘米。按花型可分彗星型、驼羽型、管瓣型、松针型、菊花型等。春播的花期为7～10月，秋播的花期为第二年5～6月。宜布置花坛、花镜及做切花用。翠菊在我国主要用于盆栽和庭园观赏，现已成为重要的盆栽花卉之一。

（1）栽培要点

①习性：翠菊喜温暖、湿润和阳光充足环境。怕高温多湿和通风不良。

②光照：翠菊为长日照植物，对日照反应比较敏感，在每天15小时长日照条件下，保持植株矮生，开花可提早。若短日照处理，植株长高，开花推迟。

③温度：翠菊的生长适温为15～25℃，冬季温度不低于3℃。若0℃以下则茎叶易受冻害。相反，夏季温度超过30℃，开花延迟或开花不良。

④土壤：翠菊植株健壮，不择土壤，但具有喜肥性，在肥沃砂质壤土中生长较佳。

（2）养护管理

①浇水：翠菊根系较浅，喜湿润，怕干燥，生长发育期间要充分浇水，保持土壤湿润，并注意中耕保墒。土壤过湿，易发生病害。现蕾后适当控制浇水，以抑制主枝生长。

②施肥：翠菊喜肥，因此，栽种时要施以充分腐熟的有机肥作基肥。幼苗定植缓苗后即可开始追施稀薄液肥，以后每隔1个月左右施1次肥，以促使株壮叶茂、花色鲜艳。

③修剪：适时对枯叶、病叶进行清除，结合换盆时对烂根进行修剪。

④繁殖：翠菊主要采用播种法繁殖。春季2～3月播种于温床或露地苗床，适宜温度为18～21℃，10～14天可发芽，当幼苗长出3～4片真叶时，假植1次，幼苗长至6～10片真叶时即可移苗定植于露地或花盆。从苗期到花期，大约需要100天。因夏季炎热不利于结实，若要留种，应适当晚播，避开7～8月份。翠菊幼苗极耐移栽，容易成活，但大苗忌移植。

⑤病虫害防治：翠菊比较容易染上叶斑病、萎黄病、锈病等病害，发现病株时要及时清除，并且在一开始就应避免连作、水涝、密不通风和高温高湿环境；施肥时注意不要污染叶面；下雨时要防止泥浆溅起污染叶面、传播病菌。

养花小贴士：翠菊为什么不能连作？

翠菊忌连作，也不宜在种过其他菊科植物的地块播种或栽植，否则会生长不良，严重的会导致死亡。其主要原因是栽植过翠菊或其他菊科植物的地块会滋生专门危害菊科植物的病原菌，土壤中的有效养分也被吸收了许多，不利于翠菊的生长，所以地栽翠菊一般需3～4年换茬栽植1次。

53. 鸡冠花的栽培与养护

鸡冠花又名红鸡冠、鸡公花，是原产于印度等国的一年生草本植物。花期在 8～10 月。鸡冠花的品种多，株形有高、中、矮 3 种，形状有鸡冠状、火炬状、绒球状、羽毛状、扇面状等，花色有鲜红色、橙黄色、暗红色、紫色、白色、红黄相杂色等，叶色有深红色、翠绿色、黄绿色、红绿色等。矮及中型品种用于花坛盆栽，高型品种可用于切花。子母鸡冠花及凤尾鸡冠花可制成干花。鸡冠花对土壤要求不高，一般庭院的土壤都能种植。

（1）栽培要点

①习性：鸡冠花喜光，喜温暖，耐干燥，怕水涝。对土壤要求不高，适宜肥沃疏松、排水良好的砂质壤土，忌黏湿土壤。

②光照：鸡冠花喜阳光充足、湿热，不耐霜冻。

③温度：鸡冠花不耐低温，喜暖和气候。育苗温度以日温 25℃左右、夜温 20℃左右为宜。在定植之后，温度需要调降，以日温 25～30℃、夜温 15～20℃为宜。当温度高于 30℃时，羽状鸡冠花花穗易松散不紧实，而头状鸡冠花则容易出现花冠畸形、花色暗淡的现象；若冬季温度低于 10℃，则植株停止生长，并逐渐枯萎死亡。

④土壤：鸡冠花在肥沃疏松、排水良好的砂质壤土中生长较好。盆土可按 5 份园土、3 份腐叶土、2 份沙，或 4 份泥炭土、2 份腐叶土、3 份沙、1 份珍珠岩混合配制。

（2）养护管理

①浇水：种植后浇透水，以后适当浇水，浇水时尽量不要让下部的叶片沾上污泥。在生长期浇水不能过多，开花后控制浇水，干旱时适当浇水，阴雨天及时排水。

②施肥：鸡冠花为喜肥花卉。花前增施1～2次磷钾肥，使花朵色彩更鲜艳；等到鸡冠成型后，可每隔10天施1次稀薄的复合液肥，共2～3次。

③修剪：给鸡冠花修剪整形要根据品种特性和观赏要求来定。头状鸡冠花是以观赏主花序为主的品种，生长期不要摘心，在管理中要及时摘除侧枝，保证顶部花序的营养和增大，以使主枝上长成大型鸡冠。而穗状鸡冠花应当在植株具7～8片叶时摘心，促进多分枝，可使株形更丰满。

④繁殖：鸡冠花用播种繁殖，在4～5月进行，气温在20～25℃时为佳。在播种前，可在苗床中施一些饼肥或厩肥、堆肥作基肥。播种时可在种子中和入一些细土进行撒播，因鸡冠花种子细小，覆土2～3毫米即可，不要过深。播种前需使苗床中土壤保持湿润，在播种后可用细眼喷壶稍许喷些水，再给苗床遮上阴，2周内不要浇水。一般7～10天便可出苗，等苗长出3～4片真叶时可间苗1次，再拔除一些弱苗、过密苗，等到苗高5～6厘米时即要带根部土移栽定植。

⑤病虫害防治：鸡冠花幼苗期发生根腐病，可用生石灰撒播。生长期易发生小造桥虫，用乐果或菊酯类农药喷洒叶面，可起防治作用。

养花小贴士：鸡冠花花期调控方法

如需调控鸡冠花的花期，通常可以采用以下两种方法：

(1) 提前播种，在保证其发芽和生长的温度及有充足的光照的情况下，可提早开花。如在温室中播种生长，可使花期提前到春季4～5月份。

(2) 推迟播种，可使花期后延至国庆节以后，但秋末气温较低，不利于其生长和开花。

54. 木芙蓉的栽培与养护

木芙蓉又名芙蓉、拒霜花，为锦葵科木槿属落叶灌木或小乔木，原产于我国四川、广东、云南等地，现全国除东北和西北外，各地均有栽培，尤以成都一带为盛，故成都亦称“蓉城”，木芙蓉也成了成都市的市花。木芙蓉植株较高大，一般高 2～5 米，枝条密被星状短茸毛，单叶互生，阔卵形和圆卵形，两面具星状毛。木芙蓉花大色艳，有粉、白、红、黄等色，有的花色可变，早白晚红。单生于枝端或叶腋间，有单瓣与重瓣、半重瓣之分。木芙蓉多在庭院栽植。

（1）栽培要点

①习性：木芙蓉喜阳光，也略耐阴，喜温暖湿润的气候，不耐寒。忌干旱，耐水湿，在肥沃临水地生长最盛。

②光照：木芙蓉适合生长在阳光充足的地方，耐半阴。

③温度：木芙蓉耐寒能力较差，冬季应移入室内，保证温度控制在 0～10℃，让其自然休眠。

④土壤：盆土可用园土 7 份、堆肥土 3 份配制的培养土。

（2）养护管理

①浇水：木芙蓉栽后放置向阳处，保持盆土湿润。

②施肥：雨季来临时，追施以磷、钾为主的液肥 1 次，以满足其花芽分化的需要。

③修剪：发芽后留 4～6 个壮芽，其余的芽随时摘除，待其长到 30 厘米高时，留基部 2～3 片叶，剪去枝梢，促使分枝。若花蕾过多，应适当疏蕾，以使花大色艳。花谢之后在土表 5～8 厘米处将所有枝条截短，然后放冷室内越冬。

④繁殖：木芙蓉可以采取扦插、分株、压条等多种方法进行繁殖，一般以扦插法为主。扦插法宜在秋末木芙蓉落叶后进行。首先选取当年生粗壮枝条，截成15～20厘米的插条，集束放在向阳处沙藏越冬。来年春2～3月取出插条，插入露地苗床，地上露出部分不超过10厘米，上面盖一些草，以防春寒。扦插繁殖的成活率可达95％以上。分株法宜在早春老植未萌芽前进行。首先将老植株从土中全部挖出，顺其根的走势将其分成若干株，随即栽入施足基肥的土中，最好以湿土干栽，1周后再浇水。分株繁殖的梢株生长很快，当年即可开花。压条法宜在6～7月间，将木芙蓉的枝条弯曲（不要折断）埋入土中，约1个月后，压在土中部分的枝条便可生出根来，再隔1个月可断离母株，连根挖出再埋入温室或地窖越冬，来年春再移栽于露地培养。

⑤病虫害防治：木芙蓉常发生的虫害有盾蚧、蚜虫、红蜘蛛等。尤其高温季节，干旱、通风不良时最易发生。除进行喷药防治外，还应对植株进行浇灌和必要的疏剪。盾蚧可用80％敌敌畏乳油500～900倍液或50％杀螟松乳油1000倍液喷1～2次；蚜虫可用乐果或氧化乐果1000～1500倍液或2.5％鱼藤精1000～1500倍液，每7～10天喷1次，2～3次即可；红蜘蛛可用20％三氯杀螨砜800倍液，三氯杀螨醇乳剂2000倍液，每7～10天喷1次，2～3次即可。

养花小贴士：木芙蓉的田间管理

扦插和分株繁殖的植株定植后，每年于夏、冬季各中耕除草1次，冬季适当培土，结合中耕追肥2～3次。春夏追施人畜粪水或化肥为主，秋、冬季收花后，在株旁开穴或环状沟，施入堆肥、厩肥或垃圾肥。

55. 长春花的栽培与养护

长春花又名日日新、四时春、春不老、五瓣梅等，属夹竹桃科多年生草本或半灌木花卉，常作一年生花卉栽培。长春花茎直立，株型整齐，叶片苍翠，有光泽；花单生或双生于叶腋，花期长（为 7 月上旬至 10 月），颜色有紫红、红、白，也有白色红心的，聚伞花序。植株强健，很少发生病虫害。长春花栽培简易，适用于庭院花坛栽培观赏，也可盆栽。高秆品种还可做切花观赏。

（1）栽培要点

①习性：长春花喜高温、高湿，耐半阴，不耐严寒，最适宜温度为 20～33℃，喜阳光，忌湿怕涝，一般土壤均可栽培，但盐碱土壤不宜，以排水良好、通风透气的砂质或富含腐殖质的土壤为好。

②光照：长春花栽培地点要求阳光充足，其植株需充分的光照，长期处在荫蔽处，光照不足，会使叶片发黄。

③温度：生长适宜温度 3～7 月为 18～24℃，9 月至翌年 3 月为 13～18℃，冬季温度不低于 10℃。

④土壤：盆土可用疏松肥沃、排水良好的壤土，也可用 4 份园土、4 份腐叶土和 2 份素沙混合配制。

（2）养护管理

①浇水：生长期注意随时浇水，每次浇水前适当干燥。不可积水，雨季要注意排水。

②施肥：在生长期每月施肥 1 次，进入果熟期不必施肥。在冬季气温较低时，要减少施肥用量。

③修剪：为了获得良好的株形，需摘心 1～2 次。第 1 次在生长 3～4 对

真叶时；第 2 次，新枝留 1～2 对真叶。摘心不得超过 2 次，否则会影响开花。开花后，要及时剪去残花，可延长花期。

④繁殖：长春花采用播种、扦插法繁殖。早春播种，幼苗早期生长缓慢，待小苗长到 3～4 片真叶时，开始分苗移栽，具有 6～8 对真叶时即可定植。5 月定植花坛中，隔 3～5 天浇水一次，适当追施磷钾肥，则花多叶茂。扦插繁殖可在春季取越冬老株上的嫩枝剪取 8 厘米长，须附带部分叶片，插于湿润的砂质壤土中，生根温度为 20～25℃，注意遮阴及保持湿度。苗高 10 厘米时，打顶促使发棵，然后上三寸盆，逐步翻到七寸盆。

⑤病虫害防治：长春花植株本身有毒，所以比较抗病虫害。苗期的病害主要有苗期猝倒病、灰霉病等，还要防止苗期肥害、药害的发生。如果发生，应立即用清水浇透，加强通风。虫害主要有红蜘蛛、蚜虫、茶蛾等。长时间的下雨对长春花非常不利，特别容易染病，在生长过程中不能淋雨。

养花小贴士：长春花为什么会叶片发黄？

长春花叶片发黄的原因有三个：一是光照不足。如盆栽植株长期放置于荫蔽处，就会因光照不足而引起叶片发黄。二是盆土透气性差。如种植在黏性偏碱性土中，因土壤板结，造成根系发育不良，从而影响地上部分生长，使叶片发黄。三是缺肥、积水或过湿。盆栽长春花在生长期，如施肥不足和浇水过多或排水不良，都会造成叶色发黄。

56. 一串红的栽培与养护

一串红，又名爆竹红、炮仗红、西洋红等，是原产于巴西、南美洲的多年生草本花卉，常作一、二年生栽培，株高30～90厘米，方茎直立，光滑。叶对生，卵形，边缘有锯齿。轮伞状总状花序着生枝顶，唇形共冠、花冠，花冠、花萼同色，花萼宿存。常见栽培品种分为矮生型和高生型两大类。一串红花期长，从夏末到深秋，开花不断，且不易凋谢，是布置花坛的理想花卉。

（1）栽培要点

①习性：一串红喜温暖和阳光充足的环境。不耐寒，耐半阴，忌霜雪和高温，怕积水和碱性土壤。

②光照：一串红是喜光性花卉，栽培场所阳光充足，对一串红的生长发育十分有利。

③温度：一串红对温度反应比较敏感，种子发芽需21～23℃，温度低于15℃很难发芽，20℃以下发芽不整齐。幼苗期在冬季以7～13℃为宜，3～6月生长期以13～18℃最好，温度超过30℃，则植株生长发育受阻，花、叶变小。因此，夏季高温期，需降温或适当遮阴来控制一串红的正常生长。长期在5℃低温下，易受冻害。

④土壤：一串红要求疏松、肥沃和排水良好的砂质壤土，盆土可用4份园土、3份腐叶土和3份素沙混合配制。

（2）养护管理

①浇水：一串红生长前期不宜多浇水，可两天浇一次，以免叶片发黄、脱落。进入生长旺期，可适当增加浇水量。

②施肥：一串红进入生长旺期，开始施追肥，每月施2次，可使花开茂

盛，延长花期。

③修剪：一串红萌芽力强，耐修剪，从3～4片真叶起开始摘心，一般10～15天摘心1次，一直到控制花期停止，摘心后分枝多，植株丰满，但消耗营养亦多，要补充肥料，摘心后30天可新生花蕾开花。

④繁殖：一串红以播种繁殖为主，一般以3～6月播种。种子较大，1克种子有260～280粒。发芽适温为21～23℃，播种后15～18天发芽。若秋播可采用室内盘播，室温必须在21℃以上，发芽快且整齐。低于20℃，发芽势明显下降。另外，一串红为喜光性种子，播种后不需覆土，可用轻质蛭石撒放在种子周围，既不影响透光又起保湿作用，可提高发芽率和整齐度，一般发芽率达到85%～90%。

⑤病虫害防治：盆栽一串红放置地点要注意空气流通，肥水管理要适当，否则植株会发生腐烂病或受蚜虫、红蜘蛛等侵害。发现虫害，可用40%乐果1500倍液喷洒防治。

养花小贴士：一串红一年多次开花的技术

在一串红秋季花谢后，剪去地上部3厘米以上的所有枝条，追施1次腐熟液肥，培土越冬。至翌年4月，对新长出的茎叶进行2～3次摘心，促使其多发侧枝，并定期每月追肥1次，五月即可开花。花开后再修剪去残花，每月追肥1～2次，7月又可开花。8月剪去残花，每月追肥1～2次，国庆节期间可第3次开花。待10月上中旬花谢后，剪去残花，每月追肥1～2次，11月霜冻前可第4次开花。

57. 秋海棠的栽培与养护

秋海棠又名八香、无名断肠草、无名相思草，是秋海棠科秋海棠属的多年生草本植物。茎绿色，节部膨大多汁，叶互生，有圆形或两侧不等的斜心脏形，花顶生或腋生，聚伞花序，花有白、粉、红等色。其块茎和果可以入药。秋海棠分球根秋海棠、根茎秋海棠及须根秋海棠三大类，多栽培于庭园，全国各地均有分布。由于其具有适应性广、花期长、观赏性佳、与其他花卉配植效果好等优点。因此，深受人们的喜爱。

（1）栽培要点

①习性：秋海棠喜温暖、湿润和半阴环境，既怕干燥，又怕积水；既忌高温，又不耐寒。

②光照：秋海棠怕强光直射，喜半阴环境，在温度高的季节里适宜散射光照，冬季要求光照充足。秋海棠在短日照条件下开花会受到抑制，长日照条件下能促进开花。

③温度：秋海棠在半阴、温暖而空气相对湿度在80%以上的环境中生长最好；高温高湿会加快病菌繁殖。因此，栽培时应避免密植，以利通风。温室种植时，若气候正值日夜温差大，需避免在傍晚浇水，以免夜温下降，导致湿度过高，甚至出现水汽凝结。另外，适当地控制温度，亦可抑制病害传播。

④土壤：秋海棠要求富含腐殖质、疏松、排水良好的微酸性砂质壤土。盆栽秋海棠宜用肥沃、疏松腐叶土或泥炭土，pH 在 5.5～6.5 的微酸性土壤。

（2）养护管理

①浇水：秋海棠浇水既要保持较高的空气湿度，又不能让盆土经常过湿；

保持较高的空气湿度，可经常向叶面及花盆周围喷洒水雾。浇水应见干见湿，不能让盆土渍水，如盆土长期过湿，会引起烂根，甚至整株死亡。

②施肥：秋海棠生长期需多浇水多施肥。上盆栽植半个月后，可施1次腐熟的饼肥水，以后生长期每隔20～30天施1次清淡的肥水，初花出现后应减少氮肥而增施磷、钾肥。

③修剪：当小苗高6厘米时摘心，可促进分枝，提高整株观赏价值。开花前45天左右进行轻剪，促使分枝早开花。植株成形后摘心可使花期后延。开花后及时将残花和连接残花的一节嫩茎剪去，促使下部枝条腋芽萌发，剪后10天左右嫩枝即可现蕾开花。

④繁殖：秋海棠的繁殖方法包括有性（种子）繁殖和无性（分株、扦插）繁殖两种。鉴于秋海棠种子细小，目前生产上以扦插和分株繁殖为主。分株和扦插于9月份进行（夏季扦插，由于高温多湿，枝条容易腐烂，成活率低，在生产实践中难以控制），选取顶端健壮的嫩枝做插条，长约15厘米，带2～3个芽，扦插的适温为10～25℃，插后2～3周开始发根，1个月后便可定植于花盆中，从扦插至开花约需4～5个月。

⑤病虫害防治：秋海棠白粉病为世界性病害，该病严重影响植株生长，降低其观赏价值。该病主要侵染植株的叶片、茎、叶柄及花。染病部位形成灰白色或淡褐色病斑，病斑上布满白色粉状霉层。秋海棠常见病虫害是卷叶蛾，此虫以幼虫食害嫩叶和花为主，直接影响植株生长和开花。少量虫害时可以人工捕捉；严重时可用乐果稀释液喷雾防治。

养花小贴士：家庭盆栽四季秋海棠怎样越冬？

找一个大于花盆的纸箱，底部垫一层海绵等保暖物，把花盆放入，盆四周充填保暖物至盆沿，箱口上方用铁丝扎成拱形，然后用一大塑料袋把盆和箱一起套上，上端口扎紧，放置在有阳光照射的地方。中午前后，如袋内温度达25℃以上，可把袋口解开通风透气。因保暖物白天大量吸收热量，夜间热量缓缓释放出来，夜间袋内气温还能保持在10℃左右，四季秋海棠仍能照常生长、开花。

58. 美人蕉的栽培与养护

美人蕉为多年生草本花卉，根茎横卧粗壮，地上茎直立。花期主要在6～10月，花大而艳丽，而且颜色丰富，有大红、鲜黄、红粉、橙黄、复色斑点等，而叶片翠绿繁茂，是夏季少花季节时庭院中的珍贵花卉。美人蕉品种很多，常见的品种有大花美人蕉、紫叶美人蕉、双色鸳鸯美人蕉等。目前，美人蕉中的稀世珍品当属双色鸳鸯美人蕉，它引自南美，因在同一枝花茎上争奇斗艳、开出大红与五星艳黄两种颜色的花而得名，其更具观赏价值的是花瓣红黄各半，更为奇特之处是红花瓣上点缀着鲜黄星点，令观者惊奇赞叹。

（1）栽培要点

①习性：美人蕉喜温暖、湿润和充足阳光，不耐寒，怕强风和霜冻。

②光照：美人蕉生长期要求光照充足，每天要接受至少5个小时的日光照射。光照不足，会使开花期向后延迟。

③温度：美人蕉是亚热带花卉，喜欢温暖的气候。在气温25～28℃时，开花快，一般7天左右即可赏花。在北方，如果想让美人蕉冬季开花，必须于10月中旬前移入室内。若室内温度保持在15～18℃，花期可延长到第二年春天。

④土壤：美人蕉对土壤要求并不高，能耐瘠薄，在肥沃、湿润、排水良好的土壤中生长良好。

（2）养护管理

①浇水：美人蕉喜温暖、湿润的气候，怕霜冻、水涝。栽种后，每隔7～10天浇1次水。雨季应注意排水，以防烂根。在高温或大风情况下美人蕉需水较多，应注意保持土壤湿润。家庭贮藏可将根茎放在花盆内，用沙土埋藏，放置于室内无阳光直射的地方。在贮藏期间不可浇水，否则易腐烂。

②施肥：美人蕉栽植时要深刨土壤，施足基肥。基肥以有机肥料为主，并适量加入豆饼、骨粉或过磷酸钙等。栽后要注意浇水，不使落干。开花前施腐熟人类尿等追肥 2～3 次，可利于开花。生长季节只需松土除杂草，不必频繁施追肥，可每个月追施 1 次液肥，盆土要保持湿润，并将花盆放在阳光充足之处。

③修剪：美人蕉开花后要及时剪去残花，以免消耗养分，并使新茎相继抽出，开花连续不断。

④繁殖：美人蕉繁殖以分株繁殖为主，也可播种繁殖。分株繁殖，可在 4 月下旬将越冬后的大块根茎挖出，分割成段，每段上带芽眼 2～3 个，连着少量须根栽种。栽植深度约为 8～10 厘米，株距约 60～80 厘米，浇足水即可。新芽长到 5～6 片叶子时，要施 1 次腐熟肥，当年即可开花。美人蕉采用播种法繁殖较少，只是在培育新品种或大量繁殖时采用。播种一般每年 3～4 月份在温室内进行。由于其种子外壳坚硬，播种前应用刀将壳割破，再用 25～30℃温水浸泡一天，播种后才容易出芽。如果气温保持在 22～25℃左右，1 周后即可出芽，等苗长出 2～3 片叶子，再进行移植。

⑤病虫害防治：美人蕉的常见病害主要有芽腐病、茎腐病、病霉病、瘟病、锈病、黑斑病，前三种为致命性病害。防治方法为加强检疫，避免浇水过多和过度密植，保持通风透光。

养花小贴士：美人蕉冬季如何贮藏

在我国北方很多地区，美人蕉不能在露地安全越冬，需要适时将其根茎自土中掘出，然后另加贮藏。其方法和注意事项如下：

(1) 提前控水标记：10 月中旬以后，对美人蕉要适当控制浇水。10 月下旬在决定掘出根茎前的 3～5 天，一定要禁止浇水，以使土壤松干，减少抱根宿土。同时，还要注意根据花色、品种，分别做出标记，并淘汰那些不良变异株，进而做到分别采收、分别贮藏，以避免次年春季盲目种植，不能主动地调配花色及色块。

（2）及时采收晾晒：10 月下旬霜降前后，为了避免美人蕉的根茎遭受霜害，应及时将盆栽和地栽的植株移出。自茎基部剪掉茎叶，然后小心地掘出根茎，不要掘伤，然后轻轻抖掉宿土，放在阳光下晾晒 3～5 天，使根茎表皮以及操作创伤处干燥，增加其内在抗性。此外，在晾晒时期，若气温骤然下降或雨雪交加，还需注意及时采取覆盖措施，利于贮藏。

（3）确保低温贮藏：贮藏美人蕉根茎，温度以 0～5℃最为适宜、安全。若是温度低于 0℃，根茎会因冻害而“丧生”；而若温度偏高，根茎则会提早发芽，也不利于翌春的生长、开花。

59. 常春藤的栽培与养护

常春藤又名土鼓藤、钻天风，是原产于我国的常绿攀缘藤本植物。茎枝有气生根，幼枝被鳞片状茸毛。叶互生，2 裂，革质，具长柄；营养枝上的叶三角状卵形或近戟形，长 5～10 厘米，宽 3～8 厘米，先端渐尖，基部楔形，全缘或 3 浅裂；花枝上的叶椭圆状卵形或椭圆状披针表，长 5～12 厘米，宽 1～8 厘米，先端长尖，基部楔形，全缘。伞形花序单生或 2～7 个顶生；花小，黄白色或绿白色，花 5 数；子房下位，花柱合生成柱状。果圆球形，浆果状，黄色或红色。花期在 5～8 月，果期 9～11 月。附于阔叶林中树干上或沟谷阴湿的岩壁上。产于我国陕西、甘肃及黄河流域以南至华南和西南。

（1）栽培要点

①习性：常春藤在温暖湿润的气候条件下生长良好，不耐寒。春季枝叶大量萌发时，不论其花叶青叶均要置于阳光下，接受充足的光照，这样长出的枝叶才会茂盛、粗壮。平时应放置于漫射光照下，才能使叶色浓绿而有光泽，花叶品种在遮光的环境中，叶色更为美丽。夏季酷暑须放置于阴凉通风的地方。常春藤对土壤要求不高，耐贫瘠，喜湿润、疏松、肥沃的砂质壤土，忌盐碱性土壤。

②光照：常春藤是典型的阴性藤本花木，耐阴湿，也能生长在全光照的环境中。可长期在明亮的房间内栽培。在阴暗的房间，只要补以灯光，也能很好地生长。

③温度：常春藤最适生长温度为 20～25℃，冬季室温宜保持在 10℃以上。

④土壤：盆土可用富含腐殖质、疏松、肥沃的壤土，也可用 4 份园土、4 份腐叶土和 2 份素沙混合配制。

（2）养护管理

①浇水：常春藤类植物属多年生观叶藤本植物，平时需注意保持盆土湿润，气温超过30℃的7～8月，植株停止生长。此时，浇水应间干间湿，同时停止施肥，以免叶片干枯。注意保持空气湿度，这是花叶常春藤夏季养护的关键。在盛夏可每天向叶面喷洒2～3次水。

②施肥：常春藤在生长季节可2周施1次液肥，或者1个月施1次颗料化肥，对于花叶品种，氮肥比例不宜过高，否则花叶品种会变为绿色。

③修剪：小苗上盆（最好每盆栽3株）长到一定高度时要注意及时摘心，促使其多分枝，则株形显得丰满。

④繁殖：常春藤繁殖使用扦插、压条法均可。常春藤扦插极易成活，宜在4～5月、9～10月进行扦插。剪取15～20厘米左右半木质化的茎蔓，上部留2～3片叶子，先用水浸泡，然后再插，更易生根。再将其茎部下段2～3节插入繁殖沙床，保持土壤湿润，即可生根。最后，放到阴凉处养护，再移植上盆。注意扦插时不要选用多年生老枝，因为老枝扦插不易生根，即便是生根了也多不具攀缘性。压条是在蔓生地面的茎蔓上，每隔10～15厘米在节上压土，保持土壤湿润，等节部生根后，按3～5节一段，自节间处剪断，以刺激休眠腋芽萌发。等新茎长至5～8厘米时，即可移植上盆。

⑤病虫害防治：常春藤的病虫害不是很多，主要为介壳虫，叶片上的炭疽病等也会发生。要定期及时清理掉落在盆里的黄叶、病叶、老叶，一旦发现有病枝、病叶，立即剪掉，注意观察新叶片中心若有白色的东西，那就是介壳虫，要在它很小的时候就直接摘除，每个月用1次广谱性的杀苗剂预防病害发生。

养花小贴士：夏季如何养护花叶常春藤？

花叶常春藤夏季应避免烈日暴晒，要将植株放在室内凉爽通风处或室外半阴处，可使叶面嫩绿可爱。保持适当的空气湿度是夏季养护的又一关键，每天要向叶面和盆花周围喷水2～3次，以降低气温和增加空气湿度，也可将花盆放置在盛水的盘碟上，盆底用瓦片垫起，使之与水分离，为植株的生长创造适宜的小环境。

60. 牵牛花的栽培与养护

牵牛花又名喇叭花、朝颜花，是原产于热带美洲的一年生缠绕草本植物。其品种多，有蓝、绯红、桃红、紫或混合色，花瓣边缘的变化也很多。茎蔓生细长，大约 3～4 米，全株多密被短茸毛。叶互生，全缘或具叶裂。聚伞花序腋生，1 朵到数朵。花冠似喇叭样；花色鲜艳美丽；蒴果为球形，成熟后胞背开裂，种子粒大，黑色或黄白色，寿命很长。

（1）栽培要点

①习性：牵牛花喜阳光充足、通风良好的环境，不耐寒冷。耐干旱、瘠薄土壤，肥沃、疏松土壤上生长效果更好。

②光照：牵牛花为夏秋季常见的蔓性草花，生长期要求阳光充足。

③温度：牵牛花生长温度在 20℃左右，不要低于 15℃，温度过低会推迟开花，甚至不开花。

④土壤：牵牛花对土壤适应性强，无严格要求，较耐干旱盐碱、瘠薄；但在肥沃湿润的砂质壤土中生长更旺。地栽土壤宜深厚。

（2）养护管理

①浇水：栽在地里的牵牛花，它的根系非常发达，通过庞大的根系，可以将泥土里的水分和养分吸收。如果久旱不雨，又没浇水，牵牛花也会枯死。要是在阳台上用盆栽牵牛花，就一定要浇水，而且浇水要遵循“不干不浇，浇则浇透”的原则。

②施肥：小苗生长前期应勤施薄肥，肥料宜选择氮、钾含量高，磷适当偏低的，氮肥可选择尿素，而复合肥则选择氮、磷、钾比例为 15∶15∶15 或含氮、钾高的，浓度控制在 0.1%～0.2%。冬季盆花，在 3～4 月勤施复合肥，视生长情况，可适当追施氮肥。

③修剪：牵牛花的真叶长出3～4片后，中心开始生蔓，这时应该摘除。第1次摘心后，叶腋间又生枝蔓，待枝蔓生出3～4片叶后，再次摘心，同时结合整形。每次摘心后都应追肥，所用肥料和菊花用的追肥类似。注意不使肥水和泥浆沾污叶片（包括子叶），以免叶片脱落。枝蔓成长后即进入花期（一般在定植后1个月），理想的情况是枝蔓的第1叶又生腋芽，第2和第3叶的叶腋发出花苞。待花苞成形后，可将花苞的托叶摘掉，以利花苞发展。为保证养分充分供应花苞而开出大而艳丽的花朵，还可以除掉一些花苞，培育独朵的花。

④修剪：地栽作绿篱装饰的牵牛花当主蔓生出7～8片叶时进行摘心，留4片叶，待长出3个支蔓后再留4片叶进行摘心。待长出9条支蔓后，均匀分布于篱笆或墙垣进行绑扎，使其生长，很快即可形成绿篱和花墙。盆栽室内观赏时，可在小苗高约6厘米时在盆内设立花支架，令其缠绕而上。也可在7～8片叶时留4片叶摘心，长出3个支蔓后再留1片叶摘心。使每盆植株不超过9个花蕾。这样可使株形丰满花大。

④繁殖：牵牛花以播种方式进行繁殖。我国南方于4～5月间在露地播种，而北方则需要提前在温室内播种。由于牵牛花的种子有较硬的外壳，所以在播种前应先割破种皮，或是浸种一昼夜，滤去水后用湿布包裹，然后放置于20℃环境中，每天洒水1～2次，大约过3～4天种子萌动后，取出植入土中。播后覆土1～2厘米，浇足清水，大约1周后可出苗，出苗率约为60%。当叶子展开时，应及时间苗，或带土移植，每穴保留1株壮苗。

⑤病虫害防治：牵牛花主要病害有猝倒病、腐烂病、白锈病、灰霉病、枯萎病，害虫有蚜虫、红蜘蛛、菜青虫、斑潜蝇等，要注意及时防治。

养花小贴士：如何使盆栽牵牛花矮化？

欲使盆栽牵牛花矮化，可以采用多次摘心的方法。当牵牛花小苗子叶或第1～2片真叶展开后，及时摘掉顶芽，强令其植株矮化而直立，这样子叶和真叶的叶腋便可孕蕾开花。当小苗长出5～6片叶时，可定植到内径24厘米的花盆中。随即掐尖促发2～3个侧芽，其余抹掉。侧芽展叶伸蔓时，再留 2～3 片叶去尖。这样一次可开花 10 朵左右。花谢后当即摘掉，促其侧枝再发新芽，酌留几个，多余的抹去，并仍照前法掐尖。如此可保持株丛始终丰满，花开不断。

六、阳台花卉篇

阳台养花需要根据阳台特点选择适宜生长的花卉种类，合理布局，巧用空间，并进行细心养护，才能使花卉生长发育良好，充分显示其观赏效果。

61．阳台养花学问多

家庭养花是一门科学，尤其是在狭窄的阳台上，如何养好花更是学问多多。

（1）按照植物的特性和自己的喜好选择品种

要是工作特别忙，可以选择多肉的植物，比如仙人掌类、芦荟类植物，它们对光照和温度、湿度要求都不是很严格，任你离家十天半月，回家同样可以看见它们依旧婀娜的身姿。

如果有一定的时间来摆弄花花草草，在选择品种时就有了较大的自由度，上边来几盆垂吊牵牛或兰花，在下面摆些凤仙、月季、万寿菊、太阳花、一串红、石榴，姹紫嫣红，真是美不胜收。

（2）摆放的位置也是一门学问

对不同方位的阳台，应选择不同品种的花卉养植。东西方向的阳台，为遮挡烈日，隔热降温，适宜盆植某些藤本花卉，比如金银花、常春藤、牵牛花等，并附以引绳、支架，使其形成花蔓缠绕的绿色屏障；而北向阳台上则以喜阴性花卉为宜，比如天竹、虎刺、万年青、玉簪等。

（3）注意控制温度，这对植物生长很重要

冬天开花的植物少是因为温度低；冬天的温度高了，有一些植物不但不开花还很容易进入休眠状态，花败叶落，大煞风景。家庭养花温度最适范围在15～30℃之间，如果没有这样的条件，就要动脑筋想办法了。

若家里有多个阳台，在夏天应尽量避免使用南、西两边阳台，而东、北方向都能改善阳台的温度；在夏天采取洒水降温的措施也很不错，不愿意动手的可以在地面洒水，喜欢动脑又动手的，可以用一些废弃的地板革铺在花盆下做成一个上面开口的大容器，在花的上面装一个喷雾装置，喷下的水通

过地板革容器收集，如果还有一个小水泵把渗出的水抽到喷雾装置中，水就可以循环使用了。

在无法控制温度的情况下，阳台上的植物进入休眠状态，这时一定注意不要再浇水或施肥。

（4）浇水与施肥大有讲究

不管是观叶还是观花植物一般都要见干见湿，而肥料的施加也是一门学问。

观花类的植物要求水肥较多，观叶的植物却随便来点水肥就行。需要注意的是在高温期和生长缓慢时要少施肥。如果要施加一定量的化肥一定要掌握几个要点：首先一定要稀释，1～1.5克的氮、磷、钾的混合肥要用1千克的水稀释。其次，发财树、绿箩等在株型稳定后尽量不要施肥。否则，它们会疯长，既细又弱，株型极其难看。再次，对观叶植物小苗期施化肥氮、磷、钾比应为3∶1∶1，对观花类植物施肥则可以调整到2∶1∶2或3∶1∶3。

养花小贴士：根据阳台类型选择花卉

目前我国居民楼的阳台主要有凸式阳台、凹式阳台和廊式阳台三种类型。凸式阳台阳光充足，光照时间长，宜选择喜欢光照的花卉，如米兰、茉莉、月季、扶桑、菊花、太阳花、代代、石榴、金橘以及耐热、耐旱的多浆多肉植物等。凹式阳台和廊式阳台与室内明亮处相似，多光照不足，宜种养喜阴或耐阴的观叶花卉，如观赏蕨、绿萝、蔓绿绒、万年青、龟背竹、文竹、棕竹、玉簪、橡皮树等。

62. 矮牵牛的栽培与养护

矮牵牛又名碧冬茄、灵芝牡丹，是原产于南美洲的多年生草本植物，常作一、二年生栽培。花冠漏斗状，花期在 4～10 月。园艺品种极多，按植株性状分，有高性种、矮性种、丛生种、匍匐种、直立种；按花型分，有大花、小花、波状、锯齿状、重瓣、单瓣；按花色分，有紫红、鲜红、桃红、纯白、肉色及多种带条纹品种。矮牵牛花期长，可以广泛用于花坛布置、庭院摆设，也适于室内盆栽。

（1）栽培要点

①习性：矮牵牛喜温暖向阳和通风良好的环境条件。不耐寒，耐暑热。在低温阴雨条件下开花不良。要求排水良好、富含腐殖质的砂质壤土。

②光照：矮牵牛为长日照植物，要求有较强的光照条件，光合作用才能顺利进行，因此，不论盆栽或地栽均需给予充足的光照。阳光充足则生长茁壮，叶茂花繁；若光照不足，枝叶易徒长，开花少或开花质量差。如能给予每天 12 小时以上光照，并且夜温在 10℃以上，则可四季开花。

③温度：矮牵牛的生长适温为 13～18℃，夏季能耐 35℃以上的高温。冬季温度如低于 4℃，植株将停止生长。

④土壤：矮牵牛要求微酸性、疏松、肥沃、排水良好的土壤，盆土一般可用沙壤土与腐叶土各半混匀配制。

（2）养护管理

①浇水：平时浇水要适量，防止过干或过湿。过干植株易凋萎，过湿易烂根。夏季天气热，蒸发量大，应及时补充浇水，保持盆土湿润而不积水，雨季需及时排水防涝。

②施肥：矮牵牛花期长，需要不断补充营养，才能持续开花，因此生长

期间一般每10天左右施1次稀薄液肥，孕蕾期间宜多施些磷肥，以利花多色艳。

③修剪：当幼苗长到约10厘米高时进行摘心，促使其萌发侧枝，则开花多。每次花谢后如不需留种，应及时剪除残花，并剪短枝条，又可继续萌发侧枝，不断开花。

④繁殖：矮牵牛采用播种或扦插法繁殖均可。春播、秋播均可。因种子细小，所以需用细土拌种后播种，播后稍镇压，不覆土，播种温度为20～24℃，4～5天即可发芽，出苗后保持9～13℃，幼苗生长良好。播种苗需经过1次移植才能上盆定植于露地。春播苗长出2片真叶后移植1次，5～6月可定植于露地或上盆。秋播苗须经移植、上盆、翻盆1次，在不加温的温室或冷床越冬，冬季温度最好不低于10℃。重瓣和大花品种常不易结实或实生苗不易保持母株优良性状，可用扦插繁殖，早春花后或秋季剪去枝叶，促其重发嫩枝，剪下枝条可作插穗，插入沙中，在20～23℃的条件下，经2～3周即可生根，扦插苗可在不低于10℃的温室内越冬。

⑤病虫害防治：常见病毒引起的花叶病和细菌性的青枯病危害。首先盆栽土壤必须消毒，出现病株立即拔除并用10%抗菌剂401醋酸溶液1000倍液喷洒防治。若有蚜虫危害，可用10%二氯苯醚菊酯乳油2000～3000倍液喷杀。

养花小贴士：如何调控矮牵牛的花期？

矮牵牛的花期主要以不同播种时间来调控。春夏播75～90天开花，秋冬播约需半年开花。“五一”节用花，应在晚秋或初冬播种，冬季保护越冬，4月下旬达盛花期。国庆用花，宜在7月初播种，炎热夏天需遮阴，9月中下旬达到盛花期。元旦用花，秋播后移入温室栽种，气温保持在10℃以上，12月底至翌年1月盛花。如温度保持在20℃左右，加强水肥管理，保持适当的光照，并注意在花谢后及时摘除残花，即可终年开花不断。

63. 大丽花的栽培与养护

大丽花又名大理花、大丽菊，是原产于墨西哥高原地区的多年生草本植物，具肉质块根，花期在6～10月。大丽花的栽培品种极多，花色有白、黄、橙、红、粉红、紫色及复色等，株高有高、中、矮型品种，花型有单瓣型、领饰型、托桂型、牡丹型、圆球型、小球型、装饰型、仙人掌型等。大丽花可用作花坛及庭前丛植，矮生品种宜盆栽观赏，高型品种可做切花材料。

（1）栽培要点

①习性：大丽花喜阳光充足、干燥凉爽、通风良好的环境，不耐寒，畏酷暑，适于富含腐殖质、排水良好的砂质壤土。

②光照：大丽花喜光不耐阴，若长期放置在荫蔽处易生长不良，根系衰弱，叶薄茎细，花小色淡，甚至有的不能开花。因此，盆栽大丽花应放在阳光充足的地方。每日光照要求在6小时以上，这样植株茁壮，花朵硕大而丰满。若每天日照少于4小时，则茎叶分枝和花蕾形成会受到一定影响，特别是阴雨寡照则开花不畅，茎叶生长不良，且易患病。

③温度：大丽花在10～32℃之间都能适应，以15～25℃最适宜，32℃以上生长停滞，此时可置于凉爽的东、北向阳台。大丽花不耐寒，一经霜打地下茎便枯萎，地下块根休眠，长江以南可在室外越冬，长江以北宜移入1～10℃的室内越冬。

④土壤：大丽花适生于疏松、富含腐殖质和排水性良好的砂质壤土中。盆栽大丽花定植用土，一般以园土5份、腐叶土2份、沙土2份和大粪干1份配制的培养土为宜，板结土壤容易引起渍水烂根。

（2）养护管理

①浇水：大丽花喜水但忌积水，既怕涝又怕旱，这是因为大丽花系肉质

块根，浇水过多根部易腐烂，但大丽花枝叶繁茂，蒸发量大，需要较多的水分，如果没能及时补充水分，再受阳光照射，轻者叶片边缘枯焦，重者基部叶片脱落。因此，浇水要掌握“干透浇透”的原则，一般生长前期的小苗阶段，需水有限，晴天可每天浇 1 次，保持土堆稍湿润为度。生长后期，枝叶茂盛，消耗水分较多，晴天或吹北风的天气，注意中午或傍晚容易缺水，应适当增加浇水量。

②施肥：大丽花是一种喜肥花卉，从幼苗开始一般每 10～15 天追施 1 次稀薄液肥。现蕾后每 7～10 天施 1 次，到花蕾透色时即应停止施肥。气温高时也不宜施肥。施肥量的多少要根据植株生长情况而定。叶片色浅而瘠薄，为缺肥现象；叶片边缘发焦或叶尖发黄为肥料过量；叶片厚而色深浓绿，是施肥合适的表现。施肥的浓度要求一次比一次加大，这样能使茎秆粗壮。

③修剪：6 月底到 7 月初第 1 次花后进行修剪。方法是，自枝条中部两叶之间扭折使之下垂，留高 20～30 厘米，过几天后伤口干缩再剪，这样可避免雨水灌入中空的茎内而引起腐烂。

④繁殖：大丽花的繁殖方法以分株和扦插为主，也可嫁接和播种繁殖。家养大丽花多采用分株繁殖方法。早春块根萌发新芽后，将每一块根及附着生于根茎上的芽一齐切割下来。每个块根可根据块根大小和芽眼多少，分切成多块，每块要留有 1～3 个芽。切口处要涂草木灰，防止腐烂。将切割下的块根埋入苗床，并覆土盖根，当长出茎叶时进行通风降温，控制幼苗徒长，而后栽植即可。

⑤病虫害防治：大丽花主要病害有根腐病、褐斑病、花叶病、白粉病等，主要害虫有红蜘蛛、蚜虫、金龟子类等。以上病虫害应及时防治。

养花小贴士：为什么大丽花越种越小？

大丽花系块根植物，高温种植易退化，植株、块根和花朵越种越小，其中重瓣品种表现最为明显。家庭盆栽可采取倒春栽培进行复壮。即在繁殖种根时，改早春种为早秋种，使其在日夜温差悬殊的晚秋形成新的种根，以避免盛夏高温酷暑的不利影响。早秋种的种根虽小，但生命力强，用其繁殖出来的植株生长势强，花朵也较大。

64. 吊钟海棠的栽培与养护

吊钟海棠又名吊钟花、倒挂金钟，是原产于南美洲的多年生半灌木。花具长梗而下垂，四季开花，以 4～7 月最盛。吊钟海棠的园艺品种极多，有单瓣、重瓣，花色有白、粉红、橘黄、玫瑰紫及茄紫等。吊钟海棠开花时，如一个个悬垂倒挂的灯笼或金钟，异常美丽。盆栽适用于客室、花架、案头点缀，用清水插瓶，既可观赏，又可生根繁殖。

（1）栽培要点

①习性：吊钟海棠喜温暖湿润环境，怕夏季炎热高温与干旱，喜富含腐殖质、肥沃、排水良好的砂质壤土，稍耐碱。

②光照：吊钟海棠在不同季节对光照有不同的要求。冬季与早春、晚秋需全日照，初夏与初秋需半日照，酷暑盛夏宜荫蔽。

③温度：生长适温为 15～25℃，30℃以上枝叶生长停滞，35℃以上枝叶枯萎死亡。

④土壤：吊钟海棠以肥沃、疏松的微酸性土壤为宜，盆栽用土宜用黏土 4 份、腐叶土 4 份、河沙 2 份拌和均匀。

（2）养护管理

①浇水：春秋时节以保持盆土湿润为宜。盛夏盆土宜偏干，对多年生老株实行控水停肥，使之顺利度过休眠期。冬季需稍湿润，以促进新梢生长。

②施肥：春秋季每 10～15 天施 1 次稀薄液肥，孕蕾期每周施 1 次。头年及当年春季培育的新株，夏季仍正常施肥，以持续开花；多年生的老株因处在休眠期，应停止施肥。冬季在室内种养，宜施复合肥或饼肥末。

③修剪：开花后仅留基部 15～20 厘米，将上部花枝剪去。对多年生植株，宜在冬季摘心，剪去顶部 5～6 厘米的嫩梢，促其多分枝。夏季休眠期短

截细弱弯垂的徒长枝，使秋季开花繁茂。入室前进行1次全株修剪整形，剪去枯枝、弱枝、内向枝、过密枝，截短徒长枝，以利积聚养分，促发冬芽，为下一年生长打下基础。

④繁殖：吊钟海棠的繁殖，一般采用嫩枝扦插。取健壮的植株顶梢6～8厘米长、带有2～3个节的一段，保留顶部一对叶片，不带花蕾，随剪随插，温度在15～18℃时，两周便可生根。扦插基质以肥沃疏软的山泥为好，插后浇足水，保持空气湿润。扦插宜在10～11月或2～3月，以晚秋季节扦插效果较为理想。因为此时可以利用修剪或摘心下来的枝梢，而且成活后有五六个月的适宜生长期，足以形成叶茂花繁的植株。

⑤病虫害防治：吊钟海棠主要病害为枯萎病和锈病，通风不好，易发生蚜虫、甲壳虫和粉虱危害，要注意防治。

养花小贴士：如何使吊钟海棠安全度夏？

吊钟海棠忌酷热，当气温超过35℃时会出现落叶、烂根现象。此时应将花盆移至阴凉通风处，也可在花盆上方架设凉棚或竹帘等遮挡阳光。与此同时，要控制浇水量，下雨前要将盆株置于避雨处，若盆土的水分较长时间蒸发不掉，盆土过湿，也易导致落叶、烂根，甚至死亡。另外，白花种不耐暑，最好在开花后扦插一批新苗，因幼苗耐暑力比成株强。

65. 月季的栽培与养护

月季又名月月红、月季花，是原产于我国的半常绿灌木，为我国十大传统名花之一。花色甚多，有微香。多为重瓣，也有单瓣。花期 4～10 月。种类主要有小月季、月月红、变色月季、香水月季、切花玫瑰、食用玫瑰、藤蔓月季、大花月季、丰花月季、微型月季、树状月季、地被月季等。月季可用于庭院布置花坛、花篱，盆栽观赏，做切花材料。

（1）栽培要点

①习性：月季喜温暖、湿润的气候及充足的光照，有一定的耐寒力，能耐－10℃的低温。对土壤要求不高，喜中性、排水良好的土壤或黏土壤。

②日照：种植月季的地方，既要通风，又能获得半天以上的日照，这是它能开得花繁如锦的首要条件。

③温度：适合月季的生长气温为 15～28℃，33℃以上生长衰弱。

④土壤：月季对土壤的适应性强，盆栽可用疏松、肥沃的砂质壤土，也可用 5 份园土、3 份腐叶土和 2 份素沙混合配制。

（2）养护管理

①浇水：月季浇水因季节而异，冬季休眠期保持土壤湿润，不干透就行。开春枝条前发，枝叶生长，应适当增加水量，每天早晚浇 1 次水。在生长旺季及花期需增加浇水量，夏季高温，每天早晚各浇 1 次水，避免阳光暴晒。高温时每次浇水应有少量水从盆底渗出，说明已浇透，浇水时不要将水溅在叶上，防止病害。

②施肥：月季喜肥，基肥以迟效性的有机肥为主，如腐肥的牛粪、鸡粪、豆饼、油渣等。每半月加液肥水 1 次，能常保叶片肥厚，深绿有光泽。早春发芽前，可施 1 次较浓的液肥，在花期不施肥，6 月花谢后可再施 1 次液肥，

9月间第四次或第五次腋芽将发时再施1次中等液肥，12月休眠期施腐熟的有机肥越冬。

③修剪：每季开完一期花后必须进行全面修剪。一般宜轻度修剪，及时剪去开放的残花和细弱、交叉、重叠的枝条，留粗壮、年轻的枝条应从基部起留3～6厘米，留外侧芽，修剪使株形美观，延长花期。

④繁殖：月季一般多采用扦插繁殖的方法。扦插繁殖不仅可以保持母本的优良特性，而且繁殖速度快、成活率高。扦插繁殖一年四季均可进行：春季扦插在4月下旬至5月底，此时气候温和，枝条活力强，插后一个月即可生根，成活率高。夏季的绿枝扦插要注意水的管理和温度的控制，否则不易生根。秋季扦插在8月下旬至10月底进行，此时扦插受昼夜温差大的影响，生根相对较慢，约要40～50天才能生根，成活率比春插稍低。冬季扦插一般在温室或大棚内进行，如露地扦插要注意增加保湿措施。

⑤病虫害防治：月季主要病虫害有黑斑病、白粉，可用多菌灵、代森铵、托布津等农药防治。月季还会发生根癌病，主要表现是产生核桃般大小的小球，叶子发黄、变小，生长开花都受影响，应将整株挖除烧毁。

养花小贴士：如何控制月季的花期？

通过修剪可使月季花期提前或推后。对月季轻剪，保留较多成熟的枝条，可使植株提前两周开花；重剪则能使植株发出秋天开花的壮枝，使秋花延后两周。例如欲使月季在国庆时开放，可于花前45天修剪，中截留芽3～4个，以后每枝上抽发2个小枝。剪后加强肥水，9月下旬花朵便会陆续开放。

66. 扶桑的栽培与养护

扶桑又名佛桑、朱槿，是原产于我国南部的灌木。花大，温度适宜时全年开花，以夏季和秋季最盛。品种较多，根据花瓣可分为单瓣、复瓣；根据花色可分为红、粉红、黄、白等；还有以观叶为主的锦叶扶桑，叶有白、红、黄、绿等斑纹变化。

（1）栽培要点

①习性：扶桑喜温暖、湿润和阳光充足的环境。不耐寒，不耐阴，怕干旱。适宜生长在肥沃、疏松的微酸性砂质壤土中。

②光照：扶桑是强阳性植物，在光照不足时，花朵缩小，花蕾易脱落，所以每天日照不能少于 8 小时。

③温度：保持 12～15℃气温扶桑就可越冬。若室温低于 5℃，叶片会转黄脱落；若低于 0℃，即会遭冻害。

④土壤：家庭盆栽宜选择矮生品种，盆土可用疏松肥沃、排水良好的砂质壤土，也可用 5 份园土、3 份腐叶土和 2 份素沙混合配制。

（2）养护管理

①浇水：扶桑生长期浇水要充足，但也不能受涝，春、秋季一般每天浇水 1 次，夏季上、下午各浇 1 次，在雨季要及时排除积水；春夏干燥多风季节和盛夏炎热天气，需经常在叶面与地面喷水，以提高空气湿度，防止嫩叶枯焦和花朵早落；秋凉后逐渐减少次数；冬季应节制浇水量，大约 7 天浇 1 次，水量不宜多，以保持盆土略湿为宜。

②施肥：扶桑喜肥，开花期间 7～11 天施 1 次腐熟的稀薄液肥，每次施肥后要及时浇水松土，10 月开始停肥。

③修剪：为了保持树型优美，着花量多，依据扶桑发枝萌蘖能力强的特

性，可在早春出房前后进行修剪整形，各枝除基部留2～3个芽外，将上部全部剪截，剪修可促使发新枝，长势将更旺盛，株型更美观。

④繁殖：扶桑常用扦插和嫁接繁殖。扦插繁殖除冬季以外均可进行，不过以梅雨季成活率最高。插条以当年生半质化枝条最好，长10厘米，剪去下部叶片，留顶端叶片，切口要平，再插于沙床，注意保持较高空气湿度，室温为18～21℃，插后20～25天便可生根。用0.3%～0.4%吲哚丁酸处理插条基部1～2秒钟，可缩短生根期。等根长3～4厘米时移栽上盆。嫁接繁殖在春、秋季进行。多用于扦插困难或生根较慢的扶桑品种，特别是扦插成活率低的重瓣品种。用枝接或芽接，砧木用单瓣扶桑。嫁接苗当年就可抽枝开花。

⑤病虫害防治：扶桑在通风不良、光照不足时，常发生烟煤病、蚜虫、介壳虫等病害，应注意防治。

养花小贴士：扶桑如何安全越冬？

扶桑不耐霜冻，在霜降后至立冬前必须移入室内保暖。越冬温度要求不低于5℃，防止冻伤；不高于15℃，以免休眠不好翌年生长开花不旺。一般朝南的保温条件好的居室都可以使扶桑安全越冬，天气较冷时可盖塑料薄膜保暖。初移室内每天白天要开窗通风，留意盆土干湿变化，并控制浇水，停止施肥。

67. 桂花的栽培与养护

桂花是我国传统名花之一。桂花又叫月桂、金桂、岩桂、九里香，为木樨科木樨属常绿乔木类植物。桂花品种很多，常见的有金桂、银桂、丹桂和四季桂 4 个品系。树冠呈圆柱形，树皮粗糙，为灰色；叶对生，革质，多为椭圆形；花为乳白、黄、橘红等色，3～5 朵簇生于叶腋；果实为紫黑色的核果。

（1）栽培要点

①习性：桂花喜光照充足、温暖湿润的环境，有一定耐寒能力和耐阴能力，但忌积水，宜在排水良好的砂质壤土中栽培。

②光照：平时盆花应置于背风向阳处进行养护。夏季切忌遮阴，以免影响花芽分化。

③温度：桂花不耐寒。冬季最低不能低于－20℃，在黄河以北地区一般多为盆栽。

④土壤：桂花多作庭院树栽培，也可盆栽观赏。盆土则需疏松肥沃、富含腐殖质、排水良好的土壤。

（2）养护管理

①浇水：给桂花浇水要根据天气季节等因素灵活掌握。浇水要掌握“二少一多”原则，即新梢发生前少浇，阴雨天少浇，夏秋季干旱天气多浇。平时浇水以经常保持盆土约 50％含水量为宜。特别是秋季开花时如果盆土过湿，容易引起落花。盆内如有积水，需及时倾盆倒水以免造成烂根。

②施肥：桂花春季发芽后需约每隔 10 天施 1 次充分腐熟的稀薄饼肥水，以促使萌芽发枝。7 月份以后施以稀薄的腐熟鸡鸭粪水，在肥液中加入 0.5％过磷酸钙，促使植株生长。9 月初施最后 1 次以磷肥为主的液肥，则桂花生长茂盛，开花多，味香。如果施肥不足，特别是磷肥不足，则分枝少，花也

少，而且不香。

③修剪：盆栽桂花可以重度修剪，生长期间要适当抹芽。桂花的修剪从幼年期就应开始。一般在春季或秋季花后进行。桂花有三枝丛生的习性，对主干很高，树型不好的植株，可在主干高度的2/3～3/4处，将整个顶部剪去，以刺激主干下部长出新枝；对树冠过大的植株可剪去上部过强的探头枝条，保留弱枝，以均衡树势；枝条过密的应予以疏剪，使留下的枝条生长充实。桂花重度修剪，应结合肥水管理进行。

④繁殖：桂花的繁殖方法主要包括播种、嫁接、扦插和压条。这里主要介绍一下扦插繁殖法。扦插繁殖一般在春季发芽以前进行，插穗要选用一年生发育充实的枝条，把它切成5～10厘米长，剪去下部叶片，上部留2～3片绿叶，插于河沙或黄土苗床，株行距3厘米×20厘米，扦插后要及时灌水，保持土壤湿润，并遮阴，温度保持在20～25℃左右，2个月后可生根移栽。

⑤病虫害防治：桂花的病虫害较少，主要有炭疽病、叶斑病、红蜘蛛和蛎盾蚧等，可用波尔多波、石硫合剂、退菌特、甲基托布津、三氯杀螨醇等药剂进行防治。

养花小贴士：桂花如何保鲜？

先将桂花用水湿润后，沥水后浸入90%的食用酒精中。75克鲜花加25克95%食用酒精，过高过低都会影响桂花的色、香、味。也可用白矾、明矾或食盐磨成细粉，按10千克桂花加1千克白矾或食盐的比例撒一层花铺一层矾（盐）压紧。把桂花制成桂花酱的方法是桂花200克、青梅100克、食盐50克，先用食盐腌渍青梅1个月，用打酱机打酱，把湿润的桂花100千克加梅酱30千克存放一夜后，沥去桂花渗出的水，此时桂花已将梅酱完全吸收，在保存的容器中撒一层食盐，这样做成的桂花酱色、香、味可保持3年不变。

最简单的保鲜桂花的方法是用食盐先腌渍的两倍桂花，再用白糖腌渍压实即可，但桂花必须经过食盐腌渍，否则制成的桂花糖会涩口不好吃。

68. 菊花的栽培与养护

菊花别名甘菊花、白菊花、黄甘菊、毫菊、滁菊、杭菊等，为多年生宿根草本花卉。菊花株高一般为30～90厘米。单叶互生，叶形变化丰富，从卵形到广披针形，边缘有缺刻及锯齿。菊花是由野菊花长期选择培育而成的，为我国十大传统名花之一。菊花品种很多，大约有2万种左右，以绿菊、墨菊、帅旗等品种最为名贵。菊花的花形花色各异，千姿百态，秀丽动人。

（1）栽培要点

①习性：菊花喜温暖气候和阳光充足的环境，能耐寒，怕水涝，但苗期、花期不能缺水。

②光照：菊花属短日照植物，对日照长短反应很敏感，每天不超过10小时的光照，才能现蕾开花。

③温度：菊花的适应性很强，喜凉，较耐寒，生长适温18～22℃，最高32℃，最低10℃，地下根茎耐低温极限一般为－10℃。植株进入花芽分化期，白天温度需维持20℃，夜间温度15℃，这样有利于花芽分化。当然，品种类型不同，其对温度感应也有所不同。

④土壤：盆土可用疏松、肥沃、排水良好的砂质壤土，或5份园土、3份腐叶土和2份素沙混合配制。

（2）养护管理

①浇水：菊花幼苗期的浇水以保持盆土湿润为宜。夏季浇水应适当增加，夏季早晚各浇水1次，雨天不浇，阴天少浇。菊花含苞待放时需水量较多，开花时水量宜适当减少，以免落花落蕾。

②施肥：视植株长势而定，如基肥足，立秋前可不施肥，如不足，10天左右施1次稀薄液肥，夏季伏天停施肥，立秋之后再追肥，浓度可加大，

花蕾形成时，施磷肥。每次施肥最好在傍晚，第二天早上再浇 1 次清水，保证根部正常呼吸。含苞待放时加施 1 次 0.2%磷酸二氢钾溶液，可使花色正、花期长。施肥时注意不要沾污叶面，并常松土、除草，以促进根系发育。

③修剪：菊花要进行摘心、修剪、抹芽、除蕾和设支柱。一般盆菊留花 4～7 朵，通常在苗高 15 厘米左右或接穗长出 3～4 片叶时开始摘心，待其腋芽长大后每个分枝留 2～3 片叶进行第二次摘心，可摘 2～3 次，立秋前停止摘心，同时剪去徒长枝、瘦弱枝，一般每株留 5～7 枝高矮整齐的枝条即可。一般品种白露后可见花蕾，每枝除选留一个蕾形圆正的以外，其余的花蕾应及时摘除，到了霜降前后即可怒放。花谢之后将菊茎距地面约 15 厘米处剪掉，将其宿根放到室温 2～3℃、土壤微湿的条件下贮存过冬，以备来年栽植用。

④繁殖：菊花一般用扦插繁殖，也可用嫁接和播种繁殖。播种繁殖一般用于培育新品种，而嫁接多用于培养大立菊。菊花的扦插繁殖可分为芽插、嫩枝插和叶芽插。芽插：在秋冬切取植株外部脚芽扦插。选芽的标准为距植株较远，芽头丰满。等芽选好后，剥去下部叶片，按株距 3～4 厘米，行距 4～5 厘米，然后插于温室或大棚内的花盆或插床粗沙中，春暖后栽于室外。嫩技插：此法应用最广。多于 4～5 月扦插。截取嫩枝 8～10 厘米作为插穗，插后要善加管理。在 18～21℃的温度下，多数品种在 3 周左右生根，大约 4 周即可移苗上盆。叶芽插：就是从枝条上剪取一张带腋芽的叶片插之。这种方法仅用于繁殖珍稀品种。

⑤病虫害防治：菊花常见的病害有根腐病、霜霉病、褐斑病等。在多雨季节，菊花易发生全株叶片枯萎，拔起一看，根系霉烂，并有根际线虫，严重影响菊花的生长。防治方法是移栽前用呋喃丹处理菊苗和栽种穴，另外，发现病株要及时拔除；雨季要及时排除田间积水。其他病虫害可按常规方法处理。

养花小贴士：盆菊的矮化栽培方法

（1）施用矮壮素：在盆土中加入矮壮素，每盆用量1克左右。矮壮素可加泥和成4～5只泥团埋入盆底，也可直接与盆土混合使用。结合生长早期每周喷施1次矮壮素。

（2）套盆栽种：先将菊花地栽，至7月初再将花盆从盆底孔处套于菊苗上，使菊苗从盆底孔处穿出，待菊苗顶叶长出盆口时，加半盆土，保持盆土湿润促其茎秆生根。如培养独头菊则不打顶，如培养多头菊则打顶1次，后陆续加土，直至满盆。花蕾形成后，用平口铲将盆底菊花茎秆铲断，使之与土壤分离，即可单独成盆。

（3）水肥调控：菊花上盆时可以只加半盆土，并少浇水、少施肥，肥力不够也会抑制其长势，从而抑制其高度。后期花芽分化前逐步加满盆土，并增加水肥供应，以满足花蕾生长的要求。同时，可利用干旱和炎热控制其长势，如夏天每天早晨浇水1次，下午不浇水。此法控制标本菊和多头菊的长势效果较好。

69. 梅花的栽培与养护

梅花属蔷薇科，杏属，是我国特有的传统花果，已有3000多年的栽培历史。梅花品种很多，目前大品种有30多个，下属小品种有300多个，一般花期在2～3个月左右。在隆冬漫天飞雪、万花纷谢之际，唯梅花傲然挺立，喷红吐翠，与松、竹被誉为“岁寒三友”，加之用途广，容易栽培，深受欢迎，被评为我国十大名花之一。

（1）栽培要点

①习性：梅花喜温暖气候，较耐寒、耐旱，稍耐阴；喜阳光；忌湿涝。要以土层深厚、疏松肥沃和排水良好的砂质壤土栽种为宜。在重黏土和碱土上生长不良。

②光照：梅花喜欢阳光充足、通风良好的环境，而不耐长期荫蔽。只有给予充足的光照，使其获得进行光合作用的条件，才能获得充分的营养，从而生长健壮，开出既多又大的鲜艳花朵。

③温度：梅花喜低温，在开花前有个休眠阶段，需要一定的低温刺激，才能正常开花。在冬季，梅花落叶后，可将其移至不结冰的冷室内，或放在低温的阳台上，注意开窗通风，令其受到一定的低温刺激。与此同时，要加强水肥管理，每日向枝条及花盆周围喷水，以保持空气湿润。春节前1个月左右开始逐渐升温，起初使室温保持在10℃左右，给予充足的阳光，在春节前10天可提高室温至15～20℃，即可使其应节开花。需注意从室外移入室内的时间必须严格控制，过早会提前开花；过晚会延迟开花，一般在小雪后大雪前即阴历11月底入室为宜。

④土壤：盆土以疏松、透气者为佳，可选田园土40％、煤渣30％、腐殖土30％配合应用。

（2）养护管理

①浇水：梅花生长期应注意浇水，保持盆土湿润偏干状态，既不能积水，也不能过湿过干，浇水掌握见干见湿的原则。一般天阴、温度低时少浇水，相反则多浇水。夏季每天可浇 2 次，春秋季每天浇 1 次，冬季则干透浇透。

②施肥：栽植前施好基肥，同时掺入少量磷酸二氢钾，花前再施 1 次磷酸二氢钾，花期施 1 次腐熟的饼肥，补充营养。6 月还可施 1 次复合肥，以促进花芽分化。秋季落叶后，施 1 次有机肥，如腐熟的粪肥等。

③修剪：地栽梅花修剪以造型美观而不呆板的自然开心形为原则，以疏剪为主，一般在花前疏剪病枝、枯枝及徒长枝，而在花后适当进行全面整理树形，必要时也可进行部分短剪，避免重剪影响翌年开花。盆栽梅花多为梅桩，是制作树桩盆景的好材料。修剪一方面是调节营养，促进开花；另一方面可整形，使梅花形态优美。修剪可在花落或叶落后进行，宜疏剪、短截并重。

④繁殖：梅花的繁殖可以用播种、压条、嫁接、分株等繁殖方法。采用较多的是嫁接法，嫁接又有切接和靠接两种方法，而采用最多的是切接。切接的时间约在 3 月中旬左右，最好在梅花叶芽刚萌发至米粒大小时进行，若误了时机，等到叶芽发得过大或是已发出叶后，再切接就不易成活了。梅花也可用分株法繁殖。如果只需繁殖少量几株，适合采用此法。分株繁殖一般在春季 2～3 月间叶芽尚未萌动时进行。在分株时，先把母株根部靠子株一边的土挖开，用消过毒的利刀从根部将子株与母体根须切离，另成新株。接着栽植，栽后需注意遮阴，保持土壤湿润，待到伏天过后，每隔半个月施 1 次液肥，这样当年即可长得枝叶茂盛，2～3 年后开花。以此法繁殖，简便易行，成活率高，而且育苗时间短，长花快。

⑤病虫害防治：梅花生长期的病虫害有白粉病，常在湿度高，温度也高而通风不好的 7 月份发生，6 月中下旬高温干旱期还易发生煤烟病，均可用托布津或多菌灵等药防治。偶尔发现病叶时也可用旧牙刷蘸清水轻轻清洗。蚜虫和卷叶虫多在 6、7 月出现，舟形毛虫则于 8 月发生，可用加水 1500 倍乐果或用烟叶水（1%浓度）喷杀。

养花小贴士：梅花与蜡梅的区别

梅花和蜡梅都是中国的传统名花，都是在冬春之季开放的香花，但梅花与蜡梅不是同一种树。梅花为蔷薇科杏属的落叶小乔木或乔木，长江中下游花期在2～3个月，花呈红、粉、白色，很少有黄色。果6月间成熟，小枝多青色。而蜡梅为蜡梅科蜡梅属的落叶灌木，花期在12～1月，正值农历腊月，花黄蜡状，外萼片为花瓣状，果8月成熟，小枝黄褐色，近方形。

70. 茉莉的栽培与养护

茉莉又名茉莉花，是原产于印度的常绿小灌木或藤本状灌木。茉莉植株矮小，幼小嫩枝一般细长，呈青绿色有棱，老枝灰褐色木质。茉莉的叶片为单叶对生，翠绿叶片具有椭圆形或广卵形。花序属于聚伞状，通常为 3 朵，花朵小巧、玉洁光亮、香味浓郁。茉莉大约有 200 个品种，常见有单瓣茉莉、双瓣茉莉、多瓣茉莉等，大多数品种的花期在 6～10 月，适合在家种养。

（1）栽培要点

①习性：茉莉不耐寒，怕干旱，不耐湿。土壤以肥沃、疏松和排水良好的酸性砂质壤土为好，怕碱性土。

②光照：茉莉喜阳光充足的环境。光照充足，则茉莉叶色浓绿，枝干粗壮，花蕾形成多，着色好，香气浓。

③温度：茉莉喜欢高温，其生长适温为 22～35℃，温度过高，植株处于半休眠状态，开花少，开花不均匀，温度过低植株生长缓慢，且不耐低温，长时间在 5℃以下，部分枝条就会冻死。

④土壤：盆土可用疏松肥沃、排水良好的微酸性砂质壤土，也可用 4 份园土、4 份腐叶土和 2 份素沙混合配制。

（2）养护管理

①浇水：茉莉不耐旱，但又忌积水，在多雨季节要及时倾倒盆内积水，否则叶片易发黄。夏季晴天需每天浇水，早晚各 1 次，若发现叶片卷垂，应喷水于叶片，可促进生长。

②施肥：茉莉生长的旺盛期是盛夏高温季节，多施有机肥和磷钾肥，如骨粉、花生饼粉、过磷酸钙以及多元素花肥，可每个月施 2 次。茉莉在夏季生长期常出现枝叶繁茂但不开花的现象，其主要原因是施了过多的氮肥，造

成枝叶徒长，这种情况下要控制肥水，增施磷钾肥，促使孕育花蕾，同时还要注意把茉莉移到阳光充足、通风良好处。

③修剪：茉莉换盆前要进行 1 次修剪，对上年生的枝条只留 10 厘米左右，并剪掉病枯枝和过密、过细的枝条。花谢后应随即剪去残败花枝，以促使基部萌发新枝，控制植株高度。

④繁殖：茉莉主要采用压条繁殖、分株繁殖法。压条繁殖是利用茉莉植株下部萌生的枝条或具有一定长度的枝梢，把其中一段压入土中，令其生出新根，剪离母枝后即成为独立的新植株。茉莉是丛生灌木，而且根茎部位能生出许多不定根，二年生以上植株常有数条茎枝，可将这些带根的茎用来分株繁殖。

⑤病虫害防治：茉莉花主要病虫害有白绢病、炭疽病、叶斑病、煤烟病、卷叶蛾和红蜘蛛，要注意预防和加强管理。

养花小贴士：盆栽茉莉叶片发黄怎么办?

盆栽茉莉叶片发黄与浇水过量、土壤偏碱性、养分不足有关。若盆土长期处于过湿状态，就会因缺氧而引起烂根、叶片发黄甚至植株死亡，所以浇水要见干见湿。如是浇灌用的水及盆土偏碱所致，则可在生长期间施用稀薄硫酸亚铁水溶液。如是长期没有换盆土或施肥过少而使茉莉叶片发黄的，只要及时换盆、定期施肥，不久茉莉即能正常生长。

71. 米兰的栽培与养护

米兰又名米仔兰、碎米兰，是原产于东南亚及我国南部各省区的常绿灌木或小乔木。多分枝。幼枝顶部具星状锈色鳞片，后脱落。奇数羽状复叶，互生，叶轴有窄翅，小叶3～5枚，对生，倒卵形至长椭圆形，通常有大叶与细叶两种，大叶种香气很淡，细叶种香气较浓，开出来的花就有浓香。圆锥花序腋生。花黄色，花萼5裂，裂片圆形。花冠5瓣，长圆形或近圆形，比萼长。雄蕊花丝结合成筒，比花瓣短。雌蕊子房卵形，密生黄色粗毛。浆果，卵形或球形，有星状鳞片。种子具肉质假种皮。花期7～8月，或四季开花。

(1) 栽培要点

①习性：米兰喜温暖、湿润、阳光充足的环境，不耐寒，宜肥沃、排水良好的砂质壤土。

②光照：米兰四季都应放在阳光充足的地方。如把米兰置于光线充足、通风良好的庭园或阳台上，每天光照在8小时至12小时以上，会使植株叶色浓绿，枝条生长粗壮，开花的次数多，花色鲜黄，香气也较浓郁。如果让米兰处在阳光不足而又荫蔽的环境条件下，会使植株枝叶徒长、瘦弱，开花次数减少，香气清淡。

③温度：米兰喜温暖，温度越高，它开出来的花就越香。一般来说，温度处在30℃以上，在充足的阳光照射下，开出来的花就浓香；反之，开出来的花就没有在温度高时的香。米兰的适温在20～35℃之间，在6～10月期间开花可达5次之多。

④土壤：米兰为南方花卉，喜欢偏酸性的土壤。若盆土偏碱，米兰则会生长不良，甚至死亡。一般盆土可选用疏松、肥沃、排水良好的腐质土，再

拌入少许沙子和山泥即可。也可选用既松又肥的黄土再掺拌30%的砻糠灰或兰花泥。

（2）养护管理

①浇水：米兰浇水次数的多少，须视植株的大小、气候的变化以及放置场所等情况而定。夏季是米兰生长旺季，需水量也随之增多，一般每天浇水1次。高温晴朗天气，早晚各浇1次水即可。如果缺水，会使叶子发黄甚至脱落。如遇阵雨，雨后要侧盆倒水，以防烂根。米兰浇水的多与少还会影响其花的香味浓淡。

②施肥：为了让米兰花多香浓，可多施磷、钾肥。米兰在1年内有多次开花的习性，消耗的养分也很多，需要适时、适量地多施一些肥料，最好是在傍晚6时以后喷施。如果在即将开花前增施磷、钾肥，并且经常有阳光散射，浇水适中，那么它开花时香气就会浓郁一些；要是在开花前多施氮肥，或过于荫蔽，或浇水过多，其花香就会很淡，甚至停止喷香。

③修剪：不要让米兰主干枝从土中丛生而出，而要在15厘米高的主干以上分杈修剪，以使株姿丰满。多年生老株的下部枝条常衰老枯死，因此北方种植的米兰宜隔年在高温时节短截1次，促使主枝下部的不定芽萌发而长出新的侧枝，使树势强健，叶茂花繁。

④繁殖：米兰常用压条和扦插繁殖。压条，以高空压条为主，在梅雨季节选用一年生木质化枝条，于基部20厘米处作环状剥皮1厘米宽，用苔藓或泥炭敷于环剥部位，再用薄膜上下扎紧，2～3个月可以生根。扦插，于6～8月剪取顶端嫩枝10厘米左右，插入泥炭中，2个月后开始生根。

⑤病虫害防治：米兰常见的有叶斑病、炭疽病和煤污病危害，可用70%甲基托布津可湿性粉剂1000倍液喷洒。虫害常有螨、蚜虫和介壳虫。螨、蚜虫可用蚜螨杀、蚜克死、蚜螨净等药物进行灭杀。介壳虫可用吡虫啉类杀虫剂进行灭杀。

养花小贴士：米兰冬季大量掉叶如何处理？

米兰冬季适宜温度为10～20℃，若低于5℃就易受冻害而掉叶。米兰怕风寒，冬季室内外温差大时，不能对着米兰打开窗户通风，更不能把米兰搬到室外晒太阳。一旦受风寒，米兰的叶子就会在短期内大量脱落。发现上述情况时，可把植株从花盆中倒出，剥掉土坨外围约1/3的土，剔除老根，并剪去1/2枝条，重新上盆，放室温10℃以上的向阳处，罩上塑料袋，保持盆土湿润，春季就会重新萌发出新的枝叶。

72. 百合的栽培与养护

百合又叫中庭、中逢花，属于百合科百合属的鳞茎花卉，素有“云裳仙子”之称。多数百合的鳞片为披针形，无节，鳞片多为复瓦状排列于鳞茎盘上，组成鳞茎。茎表面通常呈绿色，或有棕色斑纹，或几乎全棕红色。茎通常圆柱形，无毛。叶呈螺旋状散生排列，少轮生。叶形有披针形、矩圆状披针形和倒披针形、椭圆形或条形。叶无柄或具短柄。叶全缘或有小乳头状突起。花大、单生、簇生或呈总状花序。花朵直立、下垂或平伸，花色常鲜艳。花被片 6 枚，分 2 轮，离生，常有靠合而成钟形、喇叭形。花色有白、黄、粉、红等颜色。百合鳞茎由鳞片环抱而成，状似莲花，有“百年好合”“百事合意”之意。

（1）栽培要点

①习性：百合喜凉爽潮湿环境，日光充足、略荫蔽的环境对百合更为适合；忌干旱、酷暑，耐寒性稍差；喜肥沃、腐殖质多的深厚土壤，最忌硬黏土。

②光照：百合属长日照植物，光照长短不但影响花芽的分化，还影响花朵的生长。前期要求遮阴比较多，一般要遮光 60%，阳光不强烈时，可以不遮阴，这样植株更健壮、更矮化，花朵大而艳丽。

③温度：百合喜凉爽湿润的气候。生长适温白天为 20～28℃，夜温在 14℃以上。温度高于 30℃会严重影响百合的生长发育，导致消蕾，开花率也明显降低，若低于 10℃生长将近于停滞。

④土壤：盆土可用疏松肥沃、排水良好的土壤，也可用 4 份园土、4 份腐叶土和 2 份素沙土混合配制。

（2）养护管理

①浇水：百合为浅根植物，对水分要求相当高，既不能缺水，又不能水量

过大。盆土要经常保持湿润，以手握一把土成团后不滴水为宜。栽种后一般每隔3～4天浇1次水，每次浇水量不宜太大，否则引起球茎腐烂。浇水一般在晴天的上午进行。另外，还应注意保持棚内空气流通，空气湿度以80%为宜。

②施肥：百合对氮、钾肥需求较大，生长期应每隔10～15天施1次，而对磷肥要限制供给，这是因为磷肥过多会引起叶子枯黄。在花期可增施1～2次磷肥。

③修剪：在开花后应及时剪去残花，以减少养分消耗，使鳞茎充实。百合开花后，很多人就把球根扔掉。其实它仍有再生能力，只要将残叶剪除，把盆里的球根挖出另用沙堆埋藏，保湿勿晒，翌年仍可再种1次，并可花开二度。

④繁殖：百合的繁殖，有播种、分小鳞茎等方法。播种属有性繁殖，主要在育种上应用。具体方法是：秋季采收种子，贮藏到翌年春天播种。播后约20～30天发芽。在幼苗期要适当遮阳。等入秋时，地下部分已形成小鳞茎，即可挖出分栽。播种实生苗因种类的不同，有的3年开花，还有的需培养多年才能开花。因此，这种方法家庭不宜采用。若需要繁殖1株或几株，可采用分小鳞茎法。通常在老鳞茎的茎盘外围长有一些小鳞茎。在9～10月收获百合时，可将这些小鳞茎分离下来，贮藏在室内的沙土中越冬，等第二年春季上盆栽种。培养到第三年9～10月，就可长成大鳞茎而培育成大植株。此法繁殖量较小，只适宜家庭盆栽繁殖。

⑤病虫害防治：百合病害主要有黑斑病、灰霉病和枯萎病。发病前，定期喷洒25%多菌灵300倍液。虫害主要有蛴螬和线虫危害，可用90%敌百虫原药1500倍液浇灌。

养花小贴士：如何防止花苞干缩和脱落？

当百合花苞长到1～2厘米时，有时会发生干缩和脱落的现象，现蕾后光照不足及土壤干燥和根系发育较差时容易发生。另外，温度过高也会使花蕾脱落。其防治措施是：在生长过程中不要使植株缺水，从而保证根系发育良好，现蕾前追施硼和钼等微量元素，现蕾后增加光照，防止空气湿度过大。这些措施都能防治花苞干缩和脱落。

73. 长寿花的栽培与养护

长寿花又名矮生伽蓝菜、寿星花，是原产非洲的多年生肉质草本植物。植株矮小，茎高15～30厘米，多分枝，无须修剪，能自然长成低矮紧凑的株形。株幅15～30厘米，全株光滑无毛。花色有绯红、桃红、橙红、大红等，十分艳丽。花期在12月至翌年5月。长寿花适宜室内盆栽，花期正逢圣诞、元旦和春节，可用来布置窗台、书桌，十分相宜。

（1）栽培要点

①习性：长寿花喜温暖、稍湿润和阳光充足的环境，喜冬暖夏凉，畏酷暑和严寒。对栽培土壤的要求不高，一般土壤都能够生长发育。

②光照：家庭培养一年四季都应放在有阳光直射的地方，但夏季中午前后宜适当遮阳。

③温度：长寿花不耐寒，生长适温为15～25℃，夏季高温超过30℃，则生长受阻，冬季室内温度需12～15℃。低于5℃，叶片发红，花期推迟。冬春开花期如室温超过24℃，会抑制开花，如温度在15℃左右，长寿花则开花不断。

④土壤：长寿花对栽培土壤的要求不高，但以土质疏松、肥沃、排水良好的土壤为佳。

（2）养护管理

①浇水：春秋两季3天左右见盆土干后浇1次透水，保持稍润即可。夏季宜少浇水，5～7天浇1次为好。冬季入室后，宜用与室温相近的水1周左右浇1次。

②施肥：长寿花喜肥，幼苗上盆定植半月或老株分株半月后可施2～3次以氮为主的液肥，促长茎叶，花后可施1次以氮为主的液肥，促其复壮。其

余时间除夏季停施外，只能施氮磷钾复合肥。施肥时勿将肥弄在叶子上，否则叶片易腐烂。如不小心施肥时弄脏叶面，应用水冲洗掉。

③修剪：长寿花植株一般不需修剪，不过花谢后要及时剪掉残花，以免消耗养分，影响下一次开花数量。

④繁殖：长寿花可用播种、扦插繁殖，但以枝插繁殖为主。扦插在春天花后或秋季进行，插穗选择生长粗壮的枝梢部分，剪去下部的叶片，插后遮阴并保持较高的空气湿度。长寿花扦插生根的适宜温度为20℃，一般10～15天即可生根。生根后2～3周上盆，每盆种植2～3株。

⑤病虫害防治：长寿花主要有白粉病和叶枯病危害，可用65％代森锌可湿性粉剂600倍液喷洒。虫害有介壳虫和蚜虫危害叶片和嫩梢，可用40％乐果乳油1000倍液喷杀防治。

养花小贴士：为什么长寿花在“兰花泥”中生长不好？

长寿花属于耐旱花卉，用砂质壤土比较合适，用“兰花泥”养长寿花，因盆土湿度较大，在夏季高温多湿的情况下，叶片易腐烂、脱落。如果已经出现了烂根现象，可以用其上部的枝条重新扦插，盆土改用园土加沙土，插后放在遮阳处，等缓过来再浇水，生根后再正常管理。

74. 条纹十二卷的栽培与养护

条纹十二卷又名锦鸡尾、锉刀花，是原产于非洲南部的多年生肉质草本植物。无茎，基部抽芽，群生。根生叶簇生，多数，三角状披针形，先端细尖呈剑形，表面平滑，深绿色，背面横生整齐的白色瘤状突起。花葶长，总状花序，小花绿白色。条纹十二卷主要用于盆栽观赏，适合装饰窗台、阳台、桌案、几架等。

（1）栽培要点

①习性：条纹十二卷喜温暖干燥和阳光充足的环境，怕低温和潮湿。

②光照：条纹十二卷不耐高温，夏季应适当遮阴，但若光线过弱，叶片会退化缩小。冬季需充足阳光，但若光照强，休眠的叶片会变红。

③温度：条纹十二卷生长期3～9月适温为16～18℃，9月至翌年3月适温为10～13℃，冬季最低温度不低于5℃。

④土壤：条纹十二卷对土壤要求不高，一般以肥沃、疏松的砂壤土为宜。

（2）养护管理

①浇水：每年春秋季为条纹十二卷旺盛生长期，浇水要适量，以盆土偏干为宜，过多容易引起根部腐烂；夏季为休眠期，控制浇水，注意适当遮阴；冬季浇水量以盆土干燥为宜，温度低，浇水量大，会导致叶片萎蔫，植株死亡。

②施肥：生长期生长较快的品种应每15天左右施1次腐熟的稀薄液肥或复合肥；生长缓慢的品种则每月施1次肥；生长特别缓慢的品种可以不施肥，在培养土放入少量的缓效肥即可满足植株生长需要。

③修剪：每年的春季或秋季翻盆1次，翻盆时将烂根、中空根和无生命力的褐色老根去掉，保留生命力旺盛的黄白色根。

④繁殖：条纹十二卷常用分株和扦插繁殖，培育新品种时则采用播种。分株繁殖全年均可进行，常在4～5月换盆时，把母株周围的幼株剥下，直接盆栽。扦插繁殖则在5～6月将肉质叶片轻轻切下，基部带上半木质化部分，插于沙床，约20～25天即可生根，根长2～3厘米时可盆栽。

⑤病虫害防治：条纹十二卷有时发生根腐病和褐斑病危害，可用65%代森锌可湿性粉剂1500倍液喷洒。虫害有粉虱和介壳虫，可用40%氧化乐果乳油1000倍液喷杀。

养花小贴士：条纹十二卷叶尖枯萎怎么办？

条纹十二卷叶尖枯萎的主要原因是空气湿度太小，因此，①可在空气干燥时可向植株喷水。②可以将空矿泉水瓶子剪掉一半，扎几个孔，在瓶壁喷点水，把条纹十二卷罩在里面。③把花盆放在密闭的玻璃鱼缸中养护，效果也很好。

保持栽培环境的空气湿度适宜，则培养出的条纹十二卷叶色清新、润泽，具有较好的品相。

75. 吊兰的栽培与养护

吊兰又名钓兰、折鹤兰，是原产于非洲南部的多年生宿根草本花卉，具圆柱形肉质肥大须根。成熟的植株会不时长出走茎，走茎先端均会长出形似千纸鹤的小植株，故有“折鹤兰”之称。花白色，花期在春夏间。常见的园艺品种除了纯绿叶之外，还有金边、金心、银边、银心、中斑、乳白和宽叶吊兰等。吊兰是传统的居室垂挂植物之一。由于它具有极强的吸收有毒气体的功能，故又有“绿色净化器”的美称。

（1）栽培要点

①习性：吊兰喜温暖湿润、半阴的环境。较耐旱，不甚耐寒。

②光照：吊兰喜半阴，春秋季应避开强烈阳光直晒；夏季阳光特别强烈，只能早晚见些斜射光照，白天需要遮去阳光的50%～70%，否则就会使叶尖干枯。

③温度：吊兰的生长适温为15～25℃，温度高于30℃时叶片常常发黄干尖，越冬温度低于5℃则易发生寒害。

④土壤：吊兰适宜种植于疏松肥沃、排水良好的土壤中。盆栽土可用3份腐叶土、2份堆肥、5份园土配制。

（2）养护管理

①浇水：吊兰要经常保持盆土湿润，夏季浇水要充足，中午前后及傍晚还应往枝叶上喷水，以防叶片干枯。

②施肥：吊兰可每隔半个月施1次稀薄液肥。生长期间，每10～15天施1次稀薄肥，以氮肥为主，配施适量磷钾肥。

③修剪：要经常清除盆边枯叶，修剪匍匐茎，保持叶片清新常绿，形态美观。

④繁殖：吊兰可用分株繁殖。除冬季气温过低不适于分株外，其他季节均可进行。也可利用走茎上的小植株繁殖。在生长季，剪取走茎上的小植株，种植在培养土中或水中，待小植株长根后移植至盆中。

⑤病虫害防治：吊兰病虫害较少，最容易发生的生理病就是生长不良、叶片短小，叶尖干枯。这主要是由于强光直射，空气干燥引起的。因此在北方地区栽培吊兰，夏季应放在荫棚下或者阴凉处养护，其他季节挂在能见到光线的窗前或书架顶端，使其匍匐枝自然下垂。

养花小贴士：如何使吊兰叶片不失去光泽？

吊兰对光线要求不高，一般适宜在中等光线条件下生长，亦耐弱光。在室内养护，要注意调节光照。冬季应将其置于南窗前，使其多见些阳光，才能保持叶片柔嫩鲜绿，否则叶片会失去光泽，甚至枯萎。春、夏、秋季则要避免强光直射，尤其是花叶品种，更怕强阳光。金边吊兰在光线稍弱的地方会长得更加漂亮，金边更明显，叶片更有亮泽。

76. 文竹的栽培与养护

文竹又名云片松、云竹，是原产于南非的多年生藤本观叶植物。叶状枝纤细而丛生，呈羽毛状水平展开。因其常年翠绿，枝干有节似竹，且姿态文雅潇洒，故名文竹。主要变种有矮型文竹，其茎丛生矮小直立，蔓性弱或不伸蔓，叶状枝密而较短。文竹可配以精致小型盆钵盆栽，或与山石相配而制作盆景置于书架、案头、茶几上，美化居室。

（1）栽培要点

①习性：文竹喜温暖湿润，喜半阴，不耐寒，不耐旱，忌阳光直射。适生于排水良好、富含腐殖质的砂质壤土。

②光照：文竹适宜在有散射光照处或者半阴半阳的地方种养，忌阳光直射。

③温度：夏季需要放置于半阴处，还要用水喷洒叶面，以保持湿度；冬季室温不得低于5℃，否则文竹易死亡。

④土壤：盆栽文竹用土多用腐叶土、园土、沙、厩肥按5∶2∶2∶1（体积比）配制成肥沃的混合土。在栽培过程中，盆土要求半干半湿。

（2）养护管理

①浇水：文竹栽培管理中最关键的问题是浇水。浇水过多，盆土过湿，很容易引起根部腐烂，叶黄脱落；而浇水过少，盆土太干，则又容易导致叶尖发黄、叶片脱落。因此，平时浇水量和浇水次数，要视天气、长势和盆土情况而定，要做到不干不浇，浇则浇透，要以水浇下去后很快渗透而表面又不积水为度。

②施肥：在文竹生长期间内可以每10天追施1次以氮、钾为主的稀薄液体肥。在施肥时注意勿侵染叶片，或是在施肥后向叶面喷雾清洗，以避免肥料对叶面产生肥害。

③修剪：为使文竹整株长势良好，外形美观，还需要将过密的、枯黄的枝叶及娇弱的茎剪掉，以利通风透光，促进生长和有利观赏。

④繁殖：文竹用播种或分株繁殖。室内盆栽多用分株繁殖。对生长4～5年的大株可进行分株繁殖，将生长过密的丛生株分为2～3株一盆或一丛，将其放置于半阴处养护，直到发出新叶或新株时为成活。

⑤病虫害防治：文竹易患枯萎病，一旦发生，应适当降低空气湿度并注意通风透光，喷洒200倍波尔多液，或50％多菌灵可湿性粉剂500～600倍液，或50％托布津可湿性粉剂1000倍液。夏季易发生介壳虫、蚜虫等虫害，可用40％氧化乐果1000倍液喷杀。

养花小贴士：如何使文竹植株矮化？

文竹的茎具有攀缘性，倘若任其生长，高可达数米，则失去轻盈之态。使文竹矮化的措施有：

（1）盆控法：花盆与植株的大小比例应为1∶3，这样可限制根系的生长，保持株形大小不变。

（2）经常修剪：文竹生长较快，要随时疏剪老枝、枯叶，保持低矮姿态。同时，及时剪去蔓生的枝条，保持直立枝条疏密有致。

（3）摘去生长点：在新生芽长到2～3厘米时，摘去生长点，可促进茎上再生分枝和叶片，并能控制其不长蔓，使枝叶平出，株形不断丰满。

（4）利用文竹的趋光性：适时转动花盆的方向，可以修正枝叶生长形状，保持株形不变。

（5）物遮法：即用硬纸片压住枝叶或遮住阳光，使枝叶在生长时碰到物体遮挡从而使茎回转或弯曲生长，从而达到造型的目的。

（6）控肥法：对于幼株，在春夏生长旺盛季节不可多施肥，一般1个月施1次肥即可。对于老株，最好不施肥，只需在换盆时，在盆底填装新鲜土壤，使植株保持稳定的生长势头。

（7）选用矮生文竹品种：矮生文竹茎无蔓性，能保持小巧玲珑之态。

77. 天竺葵的栽培与养护

天竺葵又名石蜡红、洋绣球，是原产于非洲南部的多年生草本植物。花有白、粉、肉红、淡红、大红等色，有单瓣、重瓣之分，还有叶面具白、黄、紫色斑纹的彩叶品种。除盛夏休眠外，环境适宜时可不断开花。

（1）栽培要点

①习性：天竺葵喜充足阳光、温暖湿润的环境，夏日怕暴晒，宜半阴环境，不耐寒，也不耐暑热，耐干旱、忌水湿，在富含腐殖质、土质疏松、排水良好的砂质壤土中生长最佳。

②光照：春季和初夏光照不太强烈的情况下，可将花盆置于光照充足的地方，使其接受充足光照，但在盛夏初秋的炎热季节中，宜放在阴凉处，忌强光直射，否则枝叶会受到灼伤。

③温度：天竺葵生长适宜温度为 15～20℃。冬季温度不低于 10℃则可开花，短时间能耐 5℃低温。当处于长期低温时，叶片就会发黄脱落。

④土壤：天竺葵要求肥沃、排水良好的土壤，盆栽用土可用腐质土、砻糠灰、园土各 1/3，再加入少量过磷酸钙混合拌匀即可。

（2）养护管理

①浇水：天竺葵耐干旱，怕积水。因此，在生长过程中，应本着“不干不浇，浇则浇透，宁干勿湿”的原则，适当控水。浇水过多，盆土含水量过大，会引起徒长或烂根。春秋生长开花旺盛时，可适当多浇些水，但也应以保持盆土湿润为宜。冬季气温低，植株生长缓慢，应尽量少浇水。

②施肥：在栽培时，除施足基肥外，在生长季节，特别是开花盛期，可每隔 7～10 天施 1 次稀薄的液肥。用腐熟的畜禽粪加水稀释更好，也可用腐熟的饼肥水浇施。施肥前 3～5 天，少浇或不浇水，盆土偏干时浇施，更有利

于根系吸收。

③修剪：为使株形美观，多开花，在春季如植株生长过旺，可进行疏枝修剪。开花后及时剪去残花及过密枝。休眠期再进行1次修剪，剪去发黄的老叶，疏去过密的枝条，对过长枝进行短截，以备休眠期过后，抽生新枝，继续孕蕾开花。

④繁殖：天竺葵通常采用播种和扦插繁殖。播种繁殖春、秋季均可进行，以春季室内盆播为好。发芽适温为20～25℃。天竺葵种子不大，播后覆土不宜深，约2～5天发芽。秋播，第二年夏季即可开花。经播种繁殖的实生苗，可选育出优良的中间型品种。扦插法繁殖春、秋两季也都可进行，但以春插成活率高。此时枝梢生长充实，湿度适合生长。具体做法是：剪取带顶芽先端枝条6～8厘米长，下端切口在节下，把基部叶片剪去，切口干燥后，插入盛蛭石或素砂土的盆内，深约1/3～1/2，浇一次透水，置露天阳光直射处。此后隔2天浇1次水，在18～20℃的条件下，约20天左右生根。待根长2～3厘米时上盆。上盆后先放荫蔽处缓苗一周，见有新叶萌生后，即可转入正常管理。

⑤病虫害防治：天竺葵生长期如果通风不好和盆土过于潮湿，易发生叶斑病和花枯萎病。发现后应立即摘除以防感染蔓延，并喷洒等量式波尔多液防治。虫害主要有红蜘蛛和粉虱危害叶片和花枝，可用40%氧化乐果乳油1000倍液喷杀。

养花小贴士：防止坏天气的影响

大风天气会吹折天竺葵，而下大雨的天气会使得天竺葵的根系被雨水浸泡，造成根部呼吸缺氧，从而溃烂。所以，为了养好天竺葵，需时刻关注天气。

七、室内花卉篇

很多室内观叶植物，其本身的生活习性特别适合在室内漫射光下生长，叶色和姿态也受到人们的喜爱。另外，许多花卉能吸收有害气体，还有一些花卉具有药用价值，这使我们在栽培过程中，既享受了劳动的乐趣及花卉带来的情趣，又给日常生活提供了方便。不过，在室内种养花卉要根据不同装饰空间来选择，并应随季节的变动及时更换，才能起到绿化美化的效果。

78. 居室养花的宜与忌

花卉具有美化、香化、净化环境的功能。在居室内侍弄几盆花草，不仅可以装点居室，还能够有效净化室内空气，保持空气清新，有益身心健康。但如果不注意室内养花的各种禁忌，又会有碍健康。

（1）居室养花“三宜”

①宜养吸毒能力强的花卉：某些花卉能吸收空气中一定浓度的有毒气体，如二氧化硫、氮氧化物、氟化氢、甲醛、氯化氢等。据研究，蜡梅能吸收汞蒸气；石榴植株能吸收空气中的铅蒸气；金鱼草、美人蕉、牵牛花、唐菖蒲、石竹等能通过叶片将毒性很强的二氧化硫经过氧化作用转化为无毒或低毒性的硫酸盐化合物；水仙、紫茉莉、菊花、虎耳草等能将氮氧化物转化为植物细胞中的蛋白质；吊兰、芦荟、虎尾兰能吸收室内甲醛等污染物质，改善室内空气状况。

②宜养能分泌杀菌素的花卉：茉莉、丁香、金银花、牵牛花等花卉分泌出来的杀菌素能够杀死空气中的某些细菌，抑制白喉、结核、痢疾病原体和伤寒病菌的产生，保持室内空气清洁卫生。

③宜养“互补”功能的花卉：大多数花卉白天主要进行光合作用，吸收二氧化碳，释放出氧气。夜间进行呼吸作用，吸收氧气，释放二氧化碳。仙人掌类则恰好相反，白天释放二氧化碳，夜间吸收二氧化碳，释放出氧气。将“互补”功能的花卉养于一室，既可使二者互惠互利，又可平衡室内氧气和二氧化碳的含量，保持室内空气清新。

（2）居室养花“三忌”

①忌多养散发浓烈香味和刺激性气味的花卉：如兰花、玫瑰、月季、百合花、夜来香等都能散发出浓郁的香气，一盆在室，芳香四溢，但室内如果

摆放香型花卉过多，香味过浓，则会使人的神经兴奋，特别是人在卧室内长时间闻之，会引起失眠。圣诞花、万年青散发的气体对人体不利；郁金香、洋绣球散发的微粒接触过久，皮肤会过敏、发痒。

②忌摆放数量过多：夜间大多数花卉会释放二氧化碳，吸收氧气，与人“争气”。而夜间居室大多封闭，空气与外界不够流通。如果室内摆放花卉过多，会使夜间室内氧气的浓度降低，影响人们夜晚睡眠的质量，导致如胸闷、频发噩梦等状况。

③忌室内摆放有毒性的花卉：夹竹桃在春、夏、秋三季，其茎、叶乃至花朵都有毒，它分泌的乳白色汁液含有一种夹竹桃苷，误食会中毒；水仙花的鳞茎中含有拉丁可毒素，小孩误食后会引起呕吐等症状，叶和花的汁液会使皮肤红肿，若汁液误入眼中，会使眼睛受害；含羞草接触过多易引起眉毛稀疏、毛发变黄，严重时引起毛发脱落等现象。

因此我们在养花赏花时要了解相关的科学知识，保证自己和家人的健康。

养花小贴士：居室内摆花有讲究

不同的房间功能不同，摆放的花卉也不同。

(1) 卧室：选用仙人掌、仙人球、吊兰、玫瑰、郁金香、晚香玉、百合、马蹄莲等，达到宁静、安详、温和之效果。

(2) 客厅：选用富贵竹、蓬莱松、仙人掌、罗汉松、七叶莲、棕竹、发财树、君子兰、球兰、兰花、仙客来、柑橘、龙血树等，这些植物为“吉利之物”。

(3) 书房：适宜选用山竹花、文竹、富贵竹、常青藤等。

(4) 餐厅：选取黄玫瑰、黄康乃馨、黄素馨等，以橘黄色为主，能增加食欲，促进身体健康。

79. 君子兰的栽培与养护

君子兰又名大花君子兰、大叶石蒜、剑叶石蒜、达木兰，是原产南非地区多年生的常绿草本植物，因其植株文雅有君子风姿，花如兰，而得名。根肉质纤维状，叶基部形成假鳞茎，叶形似剑，长可达 45 厘米，互生排列，全缘。伞形花序顶生，每个花序有小花 7～30 朵，多的可达 40 朵以上。小花有柄，在花顶端呈伞形排列，花漏斗状，直立，黄或橘黄色。可全年开花，以春夏季为主。果实成熟期在 10 月左右。花、叶并美。美观大方，又耐阴，宜盆栽室内摆设，为观叶赏花。

（1）栽培要点

①习性：君子兰耐寒性差，耐热性不强，生长适温在 25℃左右，夏季高温时处于半休眠状态；喜半阴，不耐暴晒；稍耐旱而不耐积水；喜疏松肥沃的腐殖质土壤。

②光照：君子兰叶片宽大，具一定耐阴性，喜半阴环境，在 50％透光率环境下生长的植物叶片青翠碧绿，可大大提高观赏效果。光照还会影响君子兰叶片排列方向，若仅照一面，则会使原来排成一字形的叶片发生混乱，导致观赏效果下降，故要注意让植株均匀受光，定期转动盆的方向。

③温度：君子兰适温为 15～20℃。高于 25℃以上时植株生长较差，常会出现叶片徒长，影响花芽分化，此时要注意通风降温；低于 10℃时，生长缓慢；降至 0℃以下时，会导致植株冻死。夏季要注意降温，可促使花芽分化。昼夜温差大，有利于君子兰生长，一般以 6～10℃为宜。

④土壤：盆土可到花市购买专用营养土，也可以用 8 份半腐烂的树叶（即树叶腐烂成蚕豆瓣大小）和 2 份素沙，或 5 份园土、4 份腐叶土和 1 份素沙混合配制。

（2）养护管理

①浇水：准确掌握好君子兰盆土的干湿情况是浇水的关键，方法是不干不浇，浇则浇透。春秋两季生长旺盛，水量可大些，保持盆土湿润；“三伏天”蒸发量大，如通风好可多浇，天气闷热、通风不好则少浇；“三九天”基本上停止生长，不宜浇水，为保持盆土湿润，可在盆面放一层苔藓。

②施肥：君子兰施肥要以有机肥为主，避免使用植物枝叶以直接填埋的方式作为肥料，这样会大大增加君子兰生病、根部腐烂的概率。施肥的概率不要太高，一年两三次就可以满足需求，如果植株枯黄，可以喷洒一些叶肥，肥效比较短，但是见效比较快。

③修剪：在君子兰换盆的时候，及时修剪掉老、病、枯根。随时修剪掉枯、病叶。

④繁殖：君子兰采用分株法和播种法繁殖。分株每年在4～6月进行，分切腋芽栽培。因母株根系发达，分割时可全盆倒出，慢慢剥离盆土，注意不要弄断根系。切割腋芽，最好带2～3条根；切后需在母株及小芽的伤口处涂杀菌剂。幼芽上盆后，要控制浇水，放置阴处，半个月后可正常管理。若无根腋芽，按扦插法也可成活，不过发根缓慢。分株苗三年开始开花，可保持母株优良性状。播种繁殖在种子成熟采收后即进行，因为君子兰种子不能久藏。种子采收后，先洗去外种皮，阴干。播种温度在20℃，经40～60天幼苗出土。盆播种子需疏松的盆土，且富含有机质，播后可用玻璃或塑料薄膜覆盖。

⑤病虫害防治：君子兰病害有炭疽病、细菌性软腐病、白绢病、叶斑病、煤烟病和黄化病，虫害为红圆蚧。在软腐病发病初期，可用0.5%的波尔多液喷洒。防治叶斑病可在发病初期喷施50%多菌灵可湿性粉剂1000倍液。防治红圆蚧可用25%亚胺硫磷乳油1000倍液喷杀。

养花小贴士：君子兰理想品种的标准

君子兰理想品种的标准可归纳为“圆、短、宽、厚、硬、花、亮、蹦、腻、挺”10个字。

（1）圆：叶片的头形圆，呈卵形，不带任何急尖，叶片排列整齐。

(2) 短：叶长20厘米左右，叶片的脖短且收得急，单叶形似乒乓球拍。

(3) 宽：叶宽大于10厘米，两纵脉间距大于0.5厘米。

(4) 厚：叶厚大于2毫米。

(5) 硬：叶片具弹性，手感坚硬。

(6) 花：叶片和叶脉在色泽上要形成较大的反差，花大而多，花色鲜艳。

(7) 亮：叶片光亮润泽。

(8) 蹦：叶脉明显凸起粗壮，纵横脉相交成直角，形成规则的凹凸状。

(9) 腻：叶片结构细腻，手感滑润。

(10) 挺：叶片挺拔向上，排列整齐，侧观一条线，正视如扇面。

80. 凤梨的栽培与养护

凤梨原产美洲，自亚热带至热带广为分布森林下温暖潮湿环境，株型美丽多变，花穗艳丽且可保持数月之久。凤梨被视为吉祥和兴旺的象征。早在几百年前，欧洲的皇室及贵族就以观赏凤梨及其雕刻品装饰室内。说起凤梨的形态，真可谓千姿百态，有的高大如树；有的株高却仅为 15 厘米；有的花大如盆，直径有 30 厘米；有的凤梨可以长在岩石上、空气中。凤梨是既可观花又能赏叶的室内盆栽花卉。

（1）栽培要点

①习性：凤梨喜高温、湿润，常年放置在温暖、明亮的室内，可生长良好。冬季可以全日光照，春、秋早晚应有光照。凤梨喜疏松、透气性好的土壤环境。

②光照：虽然凤梨喜好日光，但不可有强光照射，尤其是夏季，否则叶片会受伤。

③温度：凤梨的最适温度为 15～20℃，冬季不低于 10℃，湿度要保持在 70％～80％之间。我国北方夏季炎热，冬季严寒，空气较干燥，要使其能正常生长，需人工控制其生长的环境。

④土壤：盆栽介质除要求富含腐殖质、肥沃外，更重要的是疏松、透气性佳、排水良好的微酸性土壤。可购买配好混合栽培介质。

（2）养护管理

①浇水：凤梨不需特别的水分照顾，在秋冬甚至可 7～10 天补充 1 次水分。在加水时，要让水分积存在中心叶筒的部分，观察水分被吸收的情形，如果积水超过 1 个星期，应将其倒掉再更换新鲜的水，以避免滋生病菌。在气候干旱、闷热、湿度低的情况下，凤梨的叶缘及叶尖极容易出现焦枯现象，

因此要保持盆土湿润，每日可向叶面喷洒清水1～2次，叶座中央杯状部位可注满清水；阴雨天一般不浇水。

②施肥：凤梨根系不够发达，只有小而短的根系，因此切忌施过多的肥料，以避免根系腐烂、叶子发黄，应以稀薄肥水施之。而且，凤梨对磷肥较敏感，施肥时应以氮肥和钾肥为主。

③修剪：花后要将残花剪去，可延长花期，为了避免植株过多的消耗养分，应对徒长枝、重叠枝、交叉枝、辐射枝以及病枝随时剪除。

④繁殖：凤梨的家庭栽培，通常采用蘖芽扦插。凤梨原株开花前后，基部叶腋处产生多个蘖芽，等蘖芽长到10厘米左右，有3～5片叶时，可用利刀在贴近母株的部位连短缩茎切下，将伤口用杀菌剂消毒后稍晾干，蘸浓度为300～500毫克/千克的萘乙酸，扦插于珍珠岩、粗沙或培养土中，需保持基质和空气湿润，并适当遮阴，1～2个月后就有新根长出。需注意新芽太小时扦插不易生根，繁殖系数低。

⑤病虫害防治：凤梨主要受叶斑病危害，可用波尔多液或50%多菌灵可湿性粉剂1000倍液喷洒防治，每半月喷洒1次。虫害主要是介壳虫危害，可用40%氧化乐果乳油1000倍液喷杀。

养花小贴士：家庭盆栽凤梨的简易催花法

把几个已熟透的苹果与待催花的凤梨放在一起，套上塑料袋闷上数日，几个月后就会出现花序。但要注意催花时要倒干凤梨心部的积水，催花期间不再浇水，使苹果发出的乙烯能充分发挥作用。

81．虎尾兰的栽培与养护

虎尾兰为多年生草本观叶植物，具匍匐的根状茎，褐色，半木质化，分枝力强。叶片碧绿硬挺，姿态刚毅，短的如匕首，长的似利剑，给人以正直、潇洒、蓬勃向上之感；叶面有灰白和深绿相间的虎尾状横带斑纹；品种比较多，株形和叶色变化较大，精美别致。虎尾兰对环境的适应能力强，是一种"坚韧不拔"的植物，而且虎尾兰能吸收室内有害气体，同时制造空气维生素——负离子，因此被誉为"天然清道夫"，已成为现代居家的常见盆栽植物之一，特别适合布置装饰书房、客厅、办公场所。

（1）栽培要点

①习性：虎皮兰耐干旱，喜阳光温暖，也耐阴，忌水涝，在排水良好的砂质壤土中生长健壮。

②光照：盆栽虎皮兰不宜长时间处于阴暗处，要常常给予散射光，否则，叶子会发暗，缺乏生机。但也不可突然移至阳光下，应先在光线暗处适应。

③温度：虎尾兰喜温暖气候，生长最适宜温度为 20～30℃，不耐寒，低于 13℃时生长停止，越冬温度应不低于 8℃，温度低时，会从叶片基部开始腐烂，造成植株死亡，应做好越冬期间的防寒保暖工作。夏季则应加强通风，降低温度。

④土壤：虎皮兰适应性强，管理可较为粗放，盆栽可用肥沃园土 3 份，煤渣 1 份，再加入少量豆饼屑或禽粪做基肥。

（2）养护管理

①浇水：养虎尾兰时，浇水不宜多，只需保持盆土稍微湿润。水分多时叶片色泽变淡，甚至烂根死产，浇水应掌握"干湿相间而偏干"的原则。特别在夏季高温多湿季节，更容易导致根茎的腐烂。长时间的干燥虽不会导致

植株枯死，但叶片会变薄变瘦并失去光泽。置于室外的植株，梅雨时应及时检查并倒去盆中的积水。冬季需节制浇水，盆土宜保持较为干燥的状态，可提高植株的抗寒力。

②施肥：虎尾兰耐贫瘠，可常年不施肥。但要使其保持良好生长，则生长期间应每月追施1次氮磷钾结合的肥料。若长期施用氮肥，叶面的斑纹会变得暗淡。特别是有彩色斑纹的种类，更要注意避免单纯施用氮肥，否则斑纹的美丽颜色会褪去而变绿。秋季应停施氮肥，相对应的磷肥和钾肥可以适当增多一些，以提高植株的抗寒力。夏季高温及冬季应停止施肥。

③修剪：虎尾兰的生长速度相对于其他家养绿色植物来说比较快，因此当盆内长满时，就要进行人工修剪，主要是把老叶和过于茂盛的地方剪除，保证其生长空间。

④繁殖：虎尾兰繁殖可用叶插法和分株法。叶插法适宜期为春至夏季，将叶片每15厘米剪为1段，扦插于沙土或细木屑，保持湿度，大约3个月能发根，扦插时要注意不可倒置；叶插法所得的幼苗，其叶片的斑纹常易消失。分株法全年都能育苗，但以春季、夏季最佳，成株能在基部长出幼苗，可切取另植便得新株。

⑤病虫害防治：在通风不良或是气温过高的情况下，易发生叶斑病。病斑油渍状软腐呈黄褐色，中间灰白色。发病初期可喷50%多菌灵或甲基托布津800倍液。

养花小贴士：虎尾兰植株冬季突然倾斜怎么办？

虎尾兰植株冬季如果突然倾斜，很可能是因为冻伤了。虎尾兰会因为潮湿、寒冷（5℃以下）而导致根部腐烂。此时只需剪下约5厘米长的叶片，在阴凉处阴干10天左右，再插栽在沙土中，就会慢慢地长出新根来。

82. 瑞香的栽培与养护

瑞香别名睡香、露甲、风流树、蓬莱花、千里香、瑞兰等，是我国的传统名花，为瑞香科瑞香属常绿直立灌木，原产于我国江南各地及云贵川地区。瑞香单叶互生，叶长椭圆形，质厚而有光泽，全缘，深绿色。顶生的头状花序，筒状花蕾紫红色，花开时四裂，花瓣肥厚，正面乳白色，背面紫红色，花蕊金黄色，十分惹人喜爱。开放时，释放出浓郁的清香，令人心旷神怡。花期一般在早春季节。栽培中还有叶缘呈金黄色的金边瑞香，花呈白色的白瑞香和花瓣里白外红的蔷薇瑞香等变种，其中金边瑞香最为珍贵，故有诗曰："海棠花西府为上，瑞香花金边最良。"

（1）栽培要点

①习性：瑞香喜温暖、湿润和通风良好的半阴环境。不耐寒，怕积水，忌强光，怕高温，气温超过25℃即停止生长。适宜生长在疏松、肥沃、湿润和排水良好的酸性土壤中。

②光照：瑞香喜半阴，忌阳光直晒，怕高温炎热，夏季宜放置在通风阴凉处，避雨淋，避阳光直晒，避热风吹袭。

③温度：瑞香不耐寒，盆栽入冬前需搬入室内，放在阳光充足处养护，室温保持在5℃以上可安全越冬。若温度过低，叶片易遭受冻害。中午气温较高时，可向盆株四周喷水雾几次。

④土壤：盆栽用园土、腐叶土和沙以5∶4∶1的比例配制培养土，栽植前宜加入少量的腐熟饼肥作基肥。每隔2年于3月份进行翻盆换土1次。

（2）养护管理

①浇水：瑞香盆栽生长期保持盆土湿润。春季花期过后仍要保持盆土湿润，不能缺水。夏季瑞香几乎处于休眠状态，浇水掌握"宁干勿湿、少浇多

喷”的原则。秋季孕蕾期，不可大水，否则其生殖生长会变为营养生长。

②施肥：地栽生长过程中施1～2次追肥即可，冬季可在植株四周开沟施肥。盆栽生长期每月施1～2次稀薄矾肥水，花期应增施一些磷钾肥，花后施氮肥为主，以保证营养生长的需要。夏季停止施肥。

③修剪：瑞香萌生力较强，所以需要经常修剪。春季可对过旺的枝条加以修剪，以保持株形的优美。花后可进行整形修剪，主要是将影响株形的枝条修去，如干枯枝、病弱枝、过密枝、徒长枝等，压低生长过旺的枝条，使株形端正，观赏性强。

④繁殖：瑞香一般以扦插法和高压法进行繁殖，其中以扦插繁殖为主。扦插法宜在春夏秋3季进行。春插于2～3月进行，在植株萌发前选取一年生健壮枝条，剪成每段10厘米左右，保留枝条上端2～3片叶。夏插和秋插，分别于6～7月和8～9月进行，选取当年生健壮枝条作插穗。插床用河沙或蛭石，枝条插入1/3～1/2为度，插后浇透水，再用塑料薄膜作拱棚封闭，要保持插床土壤湿润，不可过干或过湿。夏插的要注意遮阳，秋插的要注意防寒防冻。一般1～2个月可生根，然后移栽上盆即可。高压法宜在3～4月植株萌发新芽时进行。首先选取一二年生健壮枝条，作1～2厘米宽环状剥皮处理，再用塑料布卷住切口处，里面填上土，将下端扎紧，上端也扎紧，但要留一小孔，以便透气和灌水，一般经2个多月即可生根。秋后剪离母体后才可以移植。

⑤病虫害防治：危害金边瑞香的主要害虫有蚜虫和介壳虫，多在干热气候时出现，应及早防治。病害主要是病毒引起的花叶病，染病植株叶面出现色斑及畸形、开花不良和生长停滞，发现后应连根挖除并用火烧毁（偶见的叶片畸形和叶片黑斑摘除即可）。

养花小贴士：瑞香落叶的原因

瑞香在栽培过程中容易出现落叶现象，其原因一般有如下几种。

（1）浇水过多：冬季浇水过多，或因淋雨后未及时倒出盆中积水，使根部呼吸不到氧气而导致烂根出现落叶。

（2）用土不当：瑞香喜疏松肥沃、略带酸性的土壤，若使用碱性土栽培，很可能会出现落叶的状况。

（3）盆土太干：瑞香喜湿润环境，忌高温和干旱，若盆土过干，根系长期吸收不到水分，叶片会萎蔫。

（4）施肥不当：对瑞香要施充分腐熟的薄肥，若用肥过浓或用未腐熟的生肥，则会将植株烧伤，导致叶片萎黄脱落。

（5）高温受害：瑞香最怕高温和干旱，在炎热的夏季若浇水不及时，或花盆放置地点温度过高，瑞香会出现叶片枯黄现象。

83. 彩叶草的栽培与养护

彩叶草，唇形科鞘蕊花属，又名锦紫苏、洋紫苏、老来少、五色草。之所以称锦紫苏、洋紫苏，因其叶与花颇似紫苏，色彩斑斓为“锦”，国外引进为“洋”。鞘蕊花属约有150种，产于东半球热带及澳大利亚，我国有6种，多年生草本，一般仅作一年生栽培。彩叶草正如其名，其叶片色彩鲜艳明亮，有黄、红、紫等颜色，且色彩深浅不同，呈不规则色块状，极富变化，是一种很受人们喜爱的观叶植物。

（1）栽培要点

①习性：彩叶草是温性植物，适应性强，冬季温度不低于10℃，夏季高温时稍加遮阴，喜充足阳光，光线充足能使叶色鲜艳。

②光照：喜阳光，但忌烈日暴晒。

③温度：生长适温15～25℃，越冬温度10℃左右，降至5℃时易发生冻害。

④土壤：盆土可用肥沃、疏松的土壤，也可用5份园土、4份腐叶土和1份素沙混合配制。

（2）养护管理

①浇水：在生长期保持盆土湿润，并常给叶面喷水，以保持叶面清新，冬天盆土宜偏干。

②施肥：彩叶草的耐肥性较差，不需要大量的肥料和较大的浓度。对其施肥时应掌握淡、少、稀的原则。每隔8天左右施1次以氮肥为主的液肥。

③修剪：彩叶草主要是观叶，所以在苗期应适时摘心，以促使萌发侧枝，使之枝叶繁茂，姿态圆满。如不需留种，则最好在花穗形成的初期就把它摘除，因为开花不仅消耗养料，且使株形松散而降低观赏效果。

④繁殖：彩叶草可采用播种、扦插方法进行繁殖。播种法多用于播种后生长出的植株品质不变的品种，可于2～3月在室内采取小粒种子盆播方法进行，温度在18～25℃条件下1～2周即可出苗，且发芽率高，出苗整齐。

⑤病虫害防治：幼苗期易发生猝倒病，应注意播种土壤的消毒。生长期有叶斑病危害，用50%托布津可湿性粉剂500倍液喷洒。室内栽培时，易发生介壳虫、红蜘蛛和白粉虱危害，可用40%氧化乐果乳油1000倍液喷雾防治。

养花小贴士：彩叶草的水插繁殖

彩叶草为草本花卉，繁殖能力很强，尤其是水插法，成功率更是高。下面介绍一下彩叶草的水插繁殖步骤。

(1) 准备容器：给彩叶草扦插的容器可以是广口瓶，也可用饮料瓶剪掉上部，取下部注满清水备用。容器务必要干净，用水也一定要保证水质清洁，而且最好还另取大可乐瓶贮水一天以上，备为扦插和后续管理之用，切不可以直接使用未经澄清的自来水。

(2) 剪取插穗：当彩叶草主枝或经过摘心的侧枝长有4个节或长10厘米左右时，挑选茎干粗壮者，基部仅留1～2节的对生叶片，将上部剪下，剪口要平滑，没有挤压撕裂的伤口。然后，将插穗最下部的一对叶片剪掉，并且每3～5个插穗集中整齐基部，用白线松束在一起，待为水插。

(3) 水插管理：一般以插穗自瓶口入水3～4厘米最好。此后，置之于散射光处摆放，注意每2～3天换一次清水（备贮水），并注意每天补足瓶内因蒸发而下降的水位。彩叶草一般在18～25℃条件下，7～10天就可见生有白根了。

(4) 上盆：7～10天后就可以将生有白根的彩叶草植株移到漂亮的玻璃瓶，也可以上盆。当见插穗基部生有多条1～2厘米不定根时，可及时上盆或定植。注意操作要精心，不要损伤根系，一般再在花荫处养护10天左右，即可进入正常管理。

84. 一叶兰的栽培与养护

一叶兰又叫蜘蛛抱蛋、苞米兰、铁草，百合科、蜘蛛抱蛋属，是原产于我国海南岛、台湾等地的多年生常绿草本植物。一叶兰的根状茎比较粗壮，具节和鳞片。单叶，长约70厘米，宽约10厘米，丛生，矩圆状披针形，基部楔形，全缘，边缘皱纹状，深绿而有光泽，具长柄，长为20～30厘米，绿色，硬而挺直，基部有槽。春天开花。呈紫色，单瓣，花梗极短，直接长在匍匐的根茎上。常见栽培品种还有花叶一叶兰、斑叶一叶兰。一叶兰室内盆栽，可美化居室，叶可做插花材料。

（1）栽培要点

①习性：一叶兰喜温暖、阴湿，耐贫瘠，不耐寒，极为耐阴，喜疏松、肥沃、排水良好的砂质壤土。

②光照：一叶兰如放在阴处时间过长，叶片会缺少光泽，叶色会转黄，而且新叶的生长和萌发受阻，叶面有斑纹的种类其颜色也会褪色变淡。所以，如摆放处过于阴暗，最好能摆放一段时间后移至明亮处调养一段时间。另外，新叶萌发时，也不要放在太阴暗的地方。

③温度：在0℃左右的温度下，一叶兰的叶片可以保持翠绿，只要移至室内，即可使植株安全越冬，并保持较好的观赏性。但叶面有斑纹种类的抗寒性略差，越冬时环境温度最好能保持在0℃以上。一叶兰不甚耐高温，温度高于35℃时，叶尖易出现枯尖现象，应采取遮阴、环境喷水和加强通风等措施，以降低温度。

④土壤：一叶兰对土壤要求不高，但喜疏松肥沃、排水良好的土壤，忌黏质土。盆土过黏时容易过湿和积水，致使植株生长不良，情况严重时甚至会死亡。培养土可用腐叶土、泥炭土、园土、粗沙或砻糠灰等材料配制。

（2）养护管理

①浇水：一叶兰喜湿润的土壤环境，生长期间要充分浇水，保持盆土湿润。但一叶兰不耐水涝，所以浇水是必要的但不能过量。浇水应掌握“不干不浇、浇则浇透”的原则，不让盆土过干或过湿。特别是盛夏高温不要浇水过湿，高温过湿容易导致根茎腐烂死亡。

②施肥：在一叶兰的生长期，每半月追施1次以氮为主的肥料，可使叶色更加碧绿，并促进根茎新芽的萌发。叶面上有彩色斑纹品种的一叶兰，应注意增施磷钾肥，以使色彩鲜艳，过多施用氮肥，会使叶片上的斑纹色彩暗淡。冬季应停止施肥。

③修剪：平时修剪，一般只剪除黄叶或枯黄的叶片边缘等。

④繁殖：一叶兰主要采用分株繁殖，可结合春季翻盆进行。先将植株从盆中倒出，剔去宿土并剪除老根及枯黄老叶，然后将植株分为数丛，每丛带有5～6片叶，最后分别种植。分株不宜过小，同时避免伤及健壮的根系，否则会影响日后的生长。栽植的深度以根状茎埋入基质2厘米左右为度。分株后2～3年即能叶丛繁茂。

⑤病虫害防治：一叶兰主要有叶枯病、根腐病和介壳虫等病虫危害。其中介壳虫的危害尤为严重，在通风不良时会布满叶柄和叶背，并在叶面上产生点点黄斑，不但影响植株生长，还降低其观赏性，应注意防治。

养花小贴士：一叶兰如何安全越冬？

一叶兰通常在长江以南露地栽培，北方各地均作盆栽。入秋时节，要适当增加磷、钾肥的施用量，提高一叶兰对冬寒的抵抗能力。冬季入室宜放置在有散射阳光、室温不低于5℃的低温场所。注意适当通风，保持盆土湿润，每天还应向地面洒水，以保持环境湿润。叶片上如灰尘过多，应在暖和的天气喷水洗净并轻轻擦干，或是用半干的软布擦净。

85. 观音莲的栽培与养护

观音莲又称黑叶芋、黑叶观音莲，天南星科海芋属观叶植物，为多年生草本植物。其地下部分具肉质块茎，并容易分蘖形成丛生植物，株高 30～50 厘米。叶为箭形盾状，长 25～40 厘米、宽 10～20 厘米，先端尖锐；叶柄较长，叶浓绿色，富有金属光泽，叶脉银白色明显，叶背紫褐色。叶柄淡绿色，近茎端呈紫褐色，在茎部形成明显的叶鞘。花为佛焰花序，从茎端抽生，白色。

（1）栽培要点

①习性：观音莲喜温暖、湿润、半阴的生长环境。

②光照：观音莲喜半阴，切忌强光暴晒。在半阴环境下，叶色鲜嫩而富有光泽，叶脉清晰，叶色深绿。如光照太强，容易使叶色暗淡，甚至产生日灼，叶面粗糙，叶色灰白，叶脉模糊，叶面有时发生灼伤斑点；但光线太弱也易引起徒长，植株生长纤细而易倒伏。

③温度：生长适温 20～30℃，冬季温度不低于 15℃。3～9 月为 22～27℃，9 月至翌年 3 月为 16～22℃。气温低于 15℃，生长停滞呈休眠状态。其中大叶观音莲耐寒力较强，可耐 10℃以下低温，但不能低于 7℃。

④土壤：观音莲盆栽宜用疏松、排水通气良好的富含腐殖质的土壤，一般可用腐叶土、园土和河沙等量混合作为基质。

（2）养护管理

①浇水：4～9 月为观音莲生长旺盛期，此时要求土壤湿润及空气湿度较高，要给予充足的水分；尤其夏季高温期，叶片水分蒸发量大，需水量更多，如缺水极易使叶片萎蔫，所以须经常向叶面喷水，同时保持环境湿润，但必须避免盆中积水，否则会引起根系腐烂。秋天气温低于 15℃，观音莲生长停

滞而呈休眠状态，地上部叶片开始逐渐枯萎，此时须尽量减少浇水量，将其置于温暖、无风的干燥地方，保持盆土适当干燥以利安全越冬；如果湿度大，温度低，块茎极易腐烂。

②施肥：在生长旺盛期可根据植株生长情况，每月施1～2次稀薄液肥，并增施磷钾肥，以利植株茎干直立，生长健壮，同时有利于地下块茎生长充实及冬季抗寒越冬。

③修剪：观音莲一般保持在4～6片绿叶，叶片再多一些时，发黄疲软，此时用小刀或剪刀在靠近主干剪下叶柄即可。由于观音莲的汁液有毒，修剪时，不可将汁液碰到眼睛、伤口上，否则，会导致痒痛麻，甚至有生命危险。

④繁殖：观音莲常用分株繁殖。一般于每年春夏气温较高时，将地下块茎分蘖生长茂密的植株沿块茎分离处分割，使每一部分具有2～3株，然后分别上盆种植。分株时尽量少伤根，同时上盆后宜置于阴湿环境，保持盆土湿润，并向叶面喷雾，以利新植株恢复生长。也可于春季新芽抽长前将地下块茎挖出，将块茎切段分离，用草木灰或硫黄粉对伤口进行消毒防腐，稍晾干后用水苔包扎，或置于通气排水的疏松土壤中，使其长出不定根，抽长新芽。此间切忌基质过湿，以免块茎腐烂。该植物也可用播种繁殖，但种子不易得到。

⑤病虫害防治：在整个生育期间，最常见的虫害有切根虫、螺、蜗牛和夜蛾等，主要危害观音莲的新叶和根群，可在田间撒施螺通杀、喷敌百虫和用谷糠配制的毒饵进行诱杀。主要的病害有炭疽病和赤斑病，要经常对土壤消毒，在多雨的季节时，要用50%的多菌灵800倍液、65%的代森锌600倍液来喷施防治其他的病害。另外，注意防止积水引起地下块茎腐烂。

养花小贴士：观音莲鲜切花的采收与保鲜

观音莲苞片色彩高雅脱俗，无花时可作观叶植物在室内观赏。作鲜切花时，采收应在清晨8:00～10:00进行，当苞片2～5片完全展开时采收最佳，采收前灌些水，这样有利于提高切花品质，采收后剪去多余的叶片，留2片叶为好，采后立即放入水中，然后运回进行分级包装处理即可。

86. 龙舌兰的栽培与养护

龙舌兰又名龙舌掌、番麻，是龙舌兰科、龙舌兰属、多年生常绿植物，原产于墨西哥。植株高大，叶色灰绿或者蓝灰，长可达1.7米，宽20厘米，基部排列成莲座状。叶缘刺起初为棕色，后为灰白色，末梢的刺长可达3厘米。花梗由莲座中心抽出，花黄绿色。其叶片坚挺，四季常青，是南方园林布置的重要材料之一，在长江流域及以北地区常做温室盆栽或花槽观赏，布置庭园和厅室，可增添热带风光。另外，龙舌兰对甲醛和苯还有一定的吸附能力，可改善室内空气质量。

（1）栽培要点

①习性：龙舌兰喜温暖干燥和阳光充足的环境。稍耐寒，较耐阴，耐旱力强。要求排水良好、肥沃的砂质壤土。冬季温度不低于5℃。遇水会猛烈收缩，可用作绳子。

②日照：龙舌兰的原始生长环境经常有炽烈的阳光，因此，龙舌兰非常适应日照充沛的环境，若环境中的阳光不够充足时，常会使植株的生长不好，失去它原有的“英姿”。因此，到了冬天，日照条件比较差，应尽量提供充足的日照，如此才能有益于龙舌兰的生长，使其安全过冬。

③温度：龙舌兰具有较强的生命力，这自然也就表示龙舌兰可以忍受比较恶劣的环境。在南方，即使是冬天寒流来袭，只要有充足的阳光，龙舌兰也能适应。龙舌兰合适的生长温度为15～25℃，在夜间10～16℃生长最好。龙舌兰最低的生长温度为7℃，因此当温度过低时，最好移到室内养护，其余时间可在户外栽培。

④土壤：由于龙舌兰对于环境的适应能力非常强，纵然是在相当贫瘠的土壤上生长，也不会影响到植株的发育。也就是说龙舌兰对土壤要求不太严

格。但是，介质肥沃、疏松、排水良好的土壤会使龙舌兰生长得更为良好。盆栽常用腐叶土和粗沙的混合土。

（2）养护管理

①浇水：龙舌兰的生性十分强健，对于水分的要求并不苛刻，不过，在它的生长期间必须给予充分的水分，才能使其生长良好。除此之外，冬季休眠期中，龙舌兰不宜浇灌过多的水分，否则容易引起根部腐烂。

②施肥：施肥的次数每年1次为宜，切勿经常喷洒肥料，否则容易引起肥害。

③修剪：随着新叶的生长，要将下部枯黄的老叶及时修剪掉，以保持完美的姿态。

④繁殖：龙舌兰一般为播种或分株繁殖。播种后需较长时期才能达到观赏效果，实用价值不大。分株繁殖方法常用，通常结合换盆时进行，即在4月份，把母株周围的分蘖芽分开，另行栽植，栽后的幼株放在半阴处，成活后再移至光线充足的地方。

⑤病虫害防治：龙舌兰常发生叶斑病、炭疽病和灰霉病，可用50%退菌特可湿性粉剂1000倍液喷洒。有介壳虫危害，用80%敌敌畏乳油1000倍液喷杀。

养花小贴士：龙舌兰和芦荟的区别

龙舌兰和芦荟都属多年生常绿多肉植物，茎节短，叶面有白粉，边缘和顶端有刺。二者的植物形态相似，龙舌兰的汁液有毒，所以当心误食，而芦荟品种除了少数几种如上农大叶芦荟、本立芦荟可以食用鲜叶外。大多数品种只是观赏植物。另外，某些芦荟品种还是有毒的，下面看看它们都有哪些区别。

（1）科属不同：龙舌兰是龙舌兰科、龙舌兰属；芦荟则是百合科、芦荟属。

（2）刺不相同：龙舌兰叶子边缘有钩刺，硬而尖，叶的顶端有一个坚硬的暗褐色刺；而芦荟的刺没有前者硬，芦荟的刺是向着两边生长的，并且是越向顶端刺越小。

（3）叶子不同：龙舌兰的叶子尽管是肉质的，但是把它的叶子折断后里面有细线状的筋，不会流出汁液，看上去也不透明；若将芦荟的叶子折断，里面是无筋的，还会流出黏性汁液，而且带有黄色，其肉质部分是透明的。

（4）花果不同：龙舌兰的花序是圆锥形的、淡黄绿色，果则是椭圆形或球形；而芦荟是总状花序，从叶丛中抽生，小花密集，橙黄色并略带有黄色斑点，花萼绿色，果是三角形的。

（5）出叶方式不同：龙舌兰是最外的一片叶子包着里面的叶子，呈圆锥形，一层一层向外长；芦荟从小叶开始都是分开的，能清晰地看到最里面的叶子。

87. 花叶万年青的栽培与养护

花叶万年青又名黛粉叶，天南星科花叶万年青属植物。该属植物约有 30 种原生种，主要分布于热带美洲。花叶万年青叶片较宽大，其上有不同斑点、斑纹或斑块，色彩明亮强烈，色调鲜明，四季青翠。用其点缀居室，给人以恬淡、安逸之感。

（1）栽培要点

①习性：花叶万年青喜半阴、温暖、湿润、通风良好的环境，稍耐寒；忌阳光直射，忌积水。

②光照：花叶万年青耐阴怕晒。光线过强，叶面变得粗糙，叶缘和叶尖易枯焦，甚至大面积灼伤。光线过弱，会使黄白色斑块的颜色变绿或褪色，以明亮的散射光下生长最好，叶色鲜明更美。春秋除早晚可见阳光外，中午前后及夏季都要遮阴。绿叶多的品种较耐阴耐寒，因此乳白斑纹愈多的品种，愈缺乏叶绿素，应特别注意光线要明亮些，低温时特别注意保温。

③温度：花叶万年青的生长适温为 25～30℃，白天温度在 30℃，晚间温度在 25℃效果好。可生长范围，在 2 月至 9 月为 18～30℃，9 月至翌年 2 月为 13～18℃。由于它不耐寒，10 月中旬就要移入温室内。如果冬季温度低于 10℃，叶片易受冻害。特别是冬季温度低于 10℃时，如果浇水过多，还会引起落叶和茎顶溃烂。如果低温引起植株落叶，茎部未烂时，则待温度回升后，仍能长出新叶。

④土壤：盆土可用疏松、肥沃的砂质壤土，也可用 5 份园土、4 份腐叶土和 1 份素沙混合配制。

（2）养护管理

①浇水：花叶万年青喜湿怕干，盆土要保持湿润，在生长期应充分浇水，

并向周围喷水，向植株喷雾。如久不喷水，则叶面粗糙，失去光泽。夏季保持空气湿度在60%～70%，冬季在40%左右。土壤湿度以干湿有序最宜，夏季应多浇水，冬季需控制浇水，否则盆土过湿，根部易腐烂，叶片变黄枯萎。

②施肥：花叶万年青在6～9月为生长旺盛期，10天施1次饼肥水，入秋后可增施2次磷钾肥。春至秋季间每1～2个月施用1次氮肥能促进叶色富光泽。室温低于15℃以下，则停止施肥。

③修剪：在立夏前后应把成株外围的老叶剪去几片以利萌发新芽、新叶和抽生花葶。

④繁殖：花叶万年青的常规繁殖常用分株、扦插繁殖，但以扦插为主。选取的插穗为当年生嫩枝，至少有2个芽点，以7～8月高温期扦插最好，剪取茎的顶端7～10厘米，切除部分叶片，减少水分蒸发，切口用草木灰或硫黄粉涂敷，插于沙床或用水苔包扎切口，保持较高的空气湿度，置半阴处，日照约50%～60%，在室温24～30℃下，插后15～25天生根，待茎段上萌发新芽后移栽上盆。也可将老基段截成具有3节的茎段，直插土中1/3或横埋土中诱导生根长芽。

⑤病虫害防治：冬季养好花叶万年青，也要做好病虫害防治工作。其主要病害是叶斑病和炭疽病，除要注意通风透光和盆土不能过湿外，可用0.5%～1%的波尔多液或70%托布津1500倍液喷洒防治；虫害主要是褐软蚧，可用刮治法或40%氧化乐果乳油1000倍液喷洒防治。

养花小贴士：提防花叶万年青的毒害

花叶万年青的汁液有毒，是指其茎有毒，误食会使舌头剧痛而无法发声，还有可能造成唇舌表皮的烧伤、水肿、大量流涎，影响吞咽和呼吸。症状可持续几天或一周以上。严重者口舌肿胀可造成窒息。有时会出现恶心、呕吐和腹泻，应加以注意，尤其是家中有小孩的需要格外注意。扦插操作时不要使汁液接触皮肤，更要注意不沾入口内，否则会使人皮肤发痒疼痛或出现其他中毒现象，操作完后要用肥皂洗手。

88. 芦荟的栽培与养护

芦荟别名油葱、龙角、狼牙掌，系百合科多年生常绿多肉质草本植物。叶簇生，呈座状或生于茎顶，叶常披针形或叶短宽而边缘有尖齿状刺；其花序为伞形、总状、穗状、圆锥形等，色呈红、黄或具赤色斑点，花瓣六片、雌蕊六枚。芦荟虽生性畏寒，但它却是好种易活的植物。家庭盆栽芦荟，除观赏外，还具有很高的利用价值，随时能够提供新鲜的叶片，供家庭人员食用、美容。

（1）栽培要点

①习性：芦荟生命力强，容易栽培，生长过程中有喜阳光、惧烈日、喜温润、忌积水、耐高温、怕严寒的特性。

②光照：与其他植物一样，芦荟需要阳光才能生长。初种植的芦荟，最好在早上晒晒阳光，切忌中午时分被阳光直射。

③温度：芦荟怕冷，一般在5℃左右就会停止生长，0℃时就会冻伤。因此，芦荟养殖的最适温度是在15～35℃。和其他植物一样，芦荟需要水分，但最怕积水，湿度在45％～85％对芦荟是最适合不过的。

④土壤：常用的盆土配方是腐殖质、园田土壤、河沙的比例为2∶2∶1。用木屑或熟煤灰代替河沙，其比例不变。芦荟喜欢在中性环境下生长，最适宜芦荟生长的盆栽基质酸碱度一般要求pH值在6.8～7.0。此外，要求盆土清洁卫生，可用必灭速等进行土壤消毒、灭菌处理。

（2）养护管理

①浇水：和所有植物一样，芦荟也需要水分，但也最怕积水。在阴雨潮湿的季节或排水不好的情况下叶片容易萎缩，枝根容易腐烂，甚至死亡。夏季有较短的休眠期，需控制浇水，保持干燥为好。尤其是刚盆栽的幼株不耐

高温和雨淋，应略加遮阴，等秋后搬入室内养护，最好放阳光充足和通风场所，同样要严格控制浇水。

②施肥：肥料对于任何植物来说都是不可缺少的。芦荟不仅需要氮、磷钾，还需要微量元素。要尽量使用发酵的有机肥，饼肥、鸡粪、堆肥都可以，蚯蚓粪肥更适合芦荟种植。

③修剪：芦荟最好在春天换盆时修剪，可将整棵在茎的地方切掉，掰开些叶子出来。晾干了切口，消毒，用土重新种下。

④繁殖：芦荟繁殖常用分株和扦插繁殖。分株法一般在3～4月换盆时，将母株周围密生的幼株取下盆栽。若幼株带根少，可先插于沙床，待生根后再上盆。扦插则在5～6月开花后进行，剪取顶端短茎10～15厘米，等剪短晾干后再插于沙床，一般插后2周左右就能生根。

⑤病虫害防治：芦荟一般很少发生病虫害，一旦叶部或茎部出现黑斑病，可通过加强通风透气、排除田间积水、控制土壤温度、消除低温潮湿的危害、及时除草来防治。由于地区差异不同，一般的病虫害有红蜘蛛、蚜虫、棉蛉虫、介壳虫，虫量不多时，用水冲洗即可，虫情面积较大时，可喷40%氧化乐果乳油1200倍液，具有良好的效果。

养花小贴士：芦荟叶片的采摘标准

芦荟叶片的采摘标准以生长一年或12片叶以上采摘为宜，翠叶芦荟要生长一年半以上采摘较好，采摘的叶片要饱满、光滑、肉汁清澈透明，这样芦荟的各种成分含量高，利用效果好。采摘时要由下而上，用小刀在叶片基部两边各切一道口，然后轻轻一掰，采摘的数量要使植株保持12片叶为基础。

89. 合果芋的栽培与养护

合果芋又叫长柄合果芋、箭叶芋、花蝴蝶等，为南天星科多年生常绿草本植物。合果芋节部有气生根，幼龄植株叶薄呈戟形，叶柄细长，成熟植株叶分裂成5～9枚裂片，叶上有各种白色斑纹。合果芋的品种主要有银白合果芋、白蝶合果芋、翠玉合果芋、银叶合果芋等4种，其主要用作室内观叶盆栽，可悬垂、吊挂及水养，又可作壁挂装饰。

（1）栽培要点

①习性：合果芋喜高温多湿半阴的环境，不耐寒，畏烈日，怕干旱。

②光照：合果芋喜半阴环境，室温栽培夏季需遮去50%～60%的阳光，冬季可不遮光。但在明亮的光照下，叶片较大，叶色变浅；在半阴条件下，叶片变小，叶色偏深。长时间在低光度情况下，茎秆和叶柄伸长，株型松散，新生叶片变小，影响观赏效果。夏季适宜摆放在室外半阴处养护。冬季移入室内，放在散射光比较充足的地方。

③温度：合果芋生长适温为22～30℃。合果芋在冬季有短暂的休眠现象，15℃以下茎叶停止生长，在10℃以上可安全越冬，5℃以下叶片出现冻害。春季气温超过12℃时开始萌发新芽。

④土壤：盆栽用土通常由腐叶土、泥炭土和少量粗沙或珍珠岩等混合而成。同时，合果芋也适应无土栽培，尤其是沙培和营养液培。

（2）养护管理

①浇水：3～9月生长期要多浇水，尤其是夏季生长旺盛，需充分浇水，保持盆土湿润。如水分不足或遭遇干旱，叶片会粗糙变小。冬季不可使盆土太湿，否则会引起根部腐烂死亡或叶片黄化脱落。尽量不用自来水浇，用温凉的白开水或干净雨水浇对其生长更有利。夏季及干旱季节每天向叶面喷水

2～3次，保持较高的空气湿度和叶片清洁，可促使叶片生长健壮、充实，具有较好的观赏效果。

②施肥：生长期每1～2周施稀薄液肥1次，每月喷1次0.2%硫酸亚铁溶液，可保持叶色翠绿。如果摆放于室内，为增加观赏效果，使叶片白色斑纹更显著，可减少氮肥的施用量。

③修剪：合果芋生长过程中还应进行适当修剪，剪去其老枝和杂乱枝。

④繁殖：合果芋的繁殖，常用扦插法，一般在5～9月进行，可用嫩枝插，也可用芽插，都较容易生根成活。方法是剪取茎的先端或中段2～3节，插入蛭石或素沙中，罩上塑料薄膜，保持适当的湿度和温度（在20℃左右），经10～20天，即可生根。经2～3年后就可作分株繁殖，分株宜在4月进行。在夏季高温天气，也可采用水插法，15天左右就能生根成长。

⑤病虫害防治：合果芋常见有叶斑病和灰霉病危害，可用70%代森锌可湿性粉剂700倍液喷洒。平时可用等量式波尔多液喷洒预防。如有粉虱或蓟马危害茎叶，可用40%氧化乐果乳剂1500倍液喷杀。

养花小贴士：北方培养合果芋叶片容易变黄的原因？

合果芋原产于中美洲、南美洲热带雨林中，喜高温高湿环境，不耐寒；喜半阴，忌强光直射；在种养过程中如不能满足其需要的环境条件，就容易引起叶片变黄，甚至死亡。

（1）土壤碱性：合果芋喜欢微酸性土壤，而北方多数地区土壤中性或偏碱性，就会导致土壤中缺乏可供植物吸收利用的铁元素，这是引起合果芋叶片变黄的主要原因之一。

（2）低温危害：合果芋喜欢高温，不耐寒。若冬季室温低于10℃，叶片就会因低温而变黄。

（3）水、肥不当：若浇水过多，特别是冬季浇水过多，极易引起烂根，导致叶子变黄。与此同时，施肥不足、养分缺乏，或长期未换盆、换土，根系拥挤，使新根发育受阻，都会造成叶片变黄。

90. 龟背竹的栽培与养护

龟背竹又名蓬莱蕉、穿孔喜林芋，是原产于墨西哥热带雨林中的半蔓型常绿植物。龟背竹茎干多节，类似竹节，但无顶芽和侧枝。叶型巨大，互生，整个叶片呈暗绿色，并有光泽。花期为8～9月，佛焰状花苞黄白色，开放时由白绿色变为淡黄色，先端紫红色，无花被。龟背竹授粉以后，可坐果，浆果淡黄色，长椭圆形。常见栽培的有迷你龟背竹、石纹龟背竹、白斑龟背竹、蔓状龟背竹等。龟背竹常以中小盆种植，置于客厅、卧室和书房的一隅；也可以大盆栽培，点缀窗台。在南方庭院露地种植可用于垂直绿化。

（1）栽培要点

①习性：龟背竹喜温暖湿润气候和散射光照。不耐寒，忌烈日暴晒。

②光照：龟背竹较喜光，应避免夏日中午阳光直晒，极耐阴。要求室内通风良好，否则易生介壳虫。

③温度：龟背竹生长适温为20～25℃，越冬温度在5℃以上。

④土壤：盆栽用腐叶土3份、堆肥土3份、河沙4份混合配成培养土。

（2）养护管理

①浇水：生长季节必须经常浇水，浇水掌握“宁湿勿干”原则，保持盆土湿润，夏季要经常向叶面喷水，保持较高的空气湿度。冬季温度要求不能低于10℃，防止冷风吹袭，否则叶片易枯黄脱落。冬季盆土宜偏干，稍潮润，过湿易烂根枯叶。每隔3～5天用与室温相同或相近的水喷浇1次枝叶，清除室内灰尘污染，保持植株清新鲜艳。

②施肥：5～9月，每隔2周左右施1次稀薄液肥，生长高峰期施1次叶面肥，以0.1%的尿素水溶液或0.2%的磷酸二氢钾水溶液较好。越冬期间应少施肥或不施肥。生长期每隔半月施1次稀薄饼肥水。

③修剪：定型后茎节叶片生长过于稠密、枝蔓生长过长时，注意整株修剪，力求自然美观。

④繁殖：在夏秋进行，将大型的龟背竹侧枝整段劈下，带部分气生根，直接栽植于木桶或钵内，不仅成活率高，而且成型快。

⑤病虫害防治：若通风不良，龟背竹易受介壳虫危害，一旦烂根则会引起叶斑病。介壳虫可刷除，叶斑可用0.1％～0.15％浓度的代森锌或代森铵水溶液喷洒防治。

养花小贴士：龟背竹烂根的处理

龟背竹烂根，其症状是植株叶片暗绿，没有光泽，明显停止生长，严重时，叶片萎蔫下垂，叶色灰白，表现凸凹不平。如果发现这种情况，必须立即将花盆移至荫蔽通风处，扒开盆土，加快水分蒸发。这时根部不能吸水，必须用细孔喷壶向叶面进行雾状喷水。经过十天半月，再培上营养土，情况会逐渐好转。1个月以后便可恢复正常管理。

91. 绿萝的栽培与养护

绿萝又名黄金葛、魔鬼藤，为多年生常绿略带木质的蔓生性攀缘植物，原产于印度尼西亚。茎干肉质，分枝较多，茎干的下端生粗壮的肉质根，茎节间有气生根，藤状茎，节间长，呈现攀缘性依附在其他物体上生长。叶片广椭圆形或心形，晶莹浓绿。也有黄绿或暗绿色，镶嵌着不规则的金黄色斑点或条纹的品种。绿萝缠绕性强，气根发达，是一种较适合室内摆放的花卉。

（1）栽培要点

①习性：绿萝喜温暖、潮湿环境，要求土壤疏松、肥沃、排水良好。

②光照：绿萝适宜在散射光较强的环境中生长，若长期过于阴暗，节间会细长无力，叶片也变薄、变淡，失去光泽。

③温度：绿萝最适宜的生长温度为白天20～28℃，晚上15～18℃。冬季只要室内温度不低于10℃，绿萝便能安全越冬，还需保持盆土湿润，应经常向叶面喷水，可提高空气湿度，有利于气生根的生长。若温度低于5℃，容易造成落叶，影响生长。在北方，室温在20℃以上，绿萝可以正常生长。

④土壤：盆栽绿萝应选用肥沃、疏松且排水性好的偏酸性土壤，最好采用园土、腐熟马粪和少量泥炭混合成排水良好的基质，还可用腐殖土、泥炭和细沙土混合。

（2）养护管理

①浇水：秋冬季的浇水量应根据室温严格控制。在供暖之前，温度较低，植株的土壤蒸发较慢，应减少浇水，将水量控制在原来的1/4～1/2之间。即便是供暖之后，浇水也不可过勤。浇水要少向盆中浇，应由棕丝渗水。此外，还应向棕柱的气生根生长处喷水，以减少因蒸发过快引起根部吸水不足。在冬季浇的水以晾晒过一天后的水为好，可避免水过凉而对根部造成的损伤。

②施肥：以氮肥为主，钾肥为辅。春季绿萝生长期前，可每隔 10 天左右施硫酸铵或 0.3%尿素溶液 1 次，同时用 0.5‰～1‰的尿素溶液做叶面追肥 1 次。北方的秋冬季节，植物多生长缓慢甚至停止生长，因此需减少施肥。5～9 月是绿萝生长期，应每 2 个月施 1 次化肥。此外，每 10 天再施 1 次较稀的液体肥。另外，还需注意对于较小的植株，只施液体肥。

③修剪：长期在室内观赏的植株，其茎干基部的叶片容易脱落，降低观赏价值，可在气温转暖的 5～6 月份，结合扦插进行修剪更新，促使基部茎干萌发新芽。

④繁殖：绿萝主要用扦插法繁殖。在春末、夏初，剪取 15～30 厘米的枝条，将基部 1～2 节的叶片去掉，用培养土直接盆栽，每盆 3～5 根，浇透水，植于阴凉通风处，注意保持盆土湿润，1 个月左右即可生根发芽，当年就能长成具有观赏价值的植株。

⑤病虫害防治：防治细菌叶斑，病发病初期及时剪去病斑或剪去病叶，成株发病初期开始喷洒 14%络氨铜水剂 350 倍液，隔 10 天 1 次，连续防治 2～3 次即可。

养花小贴士：如何给盆栽绿萝换盆？

绿萝经过一两年生长，需要换盆。当植物叶尖发生干枯或是下面的叶片开始脱落时，就可能发生了根系缠绕或是根系腐烂。这时必须进行换盆移栽，换到大一号盆中。

在换盆时，可用手轻拍花盆边缘，使盆土与花盆稍分离，这样有助于植株的拔出。然后将根系的土团从下部削去 1/3，在要换入的花盆中加入 1/3 的培养土，再将植株放入花盆中央，从上面加入培养土，浇透水，直至水从盆底流出为止，整平表面，再用剪刀将受伤的叶片和变黄的叶片从基部剪除。为了便于绿萝迅速恢复生长，换盆移栽时间一般应为早春或 6～8 月。

92. 仙人掌的栽培与养护

仙人掌是仙人掌科多年生常绿灌木，又名仙人扇、仙桃、月月掌。其茎为椭圆形，绿色，扁平，肥厚肉质，茎节相连，茎上具有刺丛，花生于茎上，鲜黄色，花后结实，浆果状，黄色至暗红色。在北方花期为5～7月，一般会在早晨和傍晚开花。仙人掌可吸收甲醛、乙醚等装修产生的有害气体，对电脑辐射也有一定的吸收作用。此外仙人掌还是“天然氧吧”，这类植物肉质茎上的气孔白天关闭，夜间打开，在吸收二氧化碳的同时释放氧气，增加室内空气的负离子浓度。因此，将这类具有“互补”功能的植物放于室中，可平衡室内氧气和二氧化碳浓度，保持室内空气清新。

（1）栽培要点

①习性：仙人掌生性强健，甚耐干旱，对土壤要求不高，在沙土和砂壤土中皆可生长，畏积涝。

②光照：陆生型仙人掌类较喜阳光充足，特别是冬季更要充分阳光照射。附生型仙人掌类则终年要求半阴条件。

③温度：仙人掌生长适温为20～35℃。陆生型在冬季休眠期间并不要求太高的温度，在保持盆土干燥的情况下，温度维持在4～7℃即可。而附生型则要求冬季有较高的温度，以维持10～13℃或更高为宜。夏季达到30～35℃时，大部分仙人掌生长速度减慢，有时某些种类的茎还会变黄或被灼伤，此时必须遮阳并往地面多洒水，以降低温度。

④土壤：仙人掌需土质疏松，土粒中不含过细的微尘；不含未腐熟的有机质；呈中性或微酸性，富含有机钙质。所以需按一定比例配制培养土。可按土壤1份，腐叶土2份，粗沙3份，再加上少量石灰质材料，适用于陆生类型仙人掌类及茎多肉植物。另外，培养土应为颗粒状，颗粒状土通气透水，

以避免造成根部缺氧，还可以及时排除根系呼吸时产生的二氧化碳和施肥后残存的有害盐类。

（2）养护管理

①浇水：陆生型仙人掌类有明显的生长期和休眠期，生长期要浇水，休眠期少浇水甚至不浇水。附生型仙人掌类，冬季温度保持在12℃以上，可常年浇水或喷水；冬季温度保持在12℃以下，浇水可酌情减少并停止喷水。浇水时掌握“干透浇透，不干不浇”的原则；水温宜尽量与土温相接近，夏天则早（日出前）、晚（日落后）浇水，冬天则上午10时至11时浇水并且把水直接浇到盆土上，否则会影响到刺的美观。此外，夏天需向地面洒水以增加空气湿度。

②施肥：仙人掌与其他植物相比生长比较缓慢，因此对肥料的需求量较少。而且，仙人掌并不总是靠肥料生长，通过移植或盆栽也可促进其生长，只要适当调整花盆的大小，进行盆栽，也可使仙人掌长得很好。

③修剪：每年早春在给仙人掌进行换盆时要剪去一部分老根，晾4～5天再栽植。

④繁殖：仙人掌扦插极易成活，温室内四季都可进行，将成熟茎节切下，放置于阴处两三天，等切口稍干后，插于净沙或园土内，在插后要少浇水，但需保持盆土湿润，3周后即可生根。

⑤病虫害防治：仙人掌在高温、通风不良的环境中，容易发生病虫害。病害可喷洒多菌灵或托布津，虫害可喷洒乐果杀除。无论喷洒哪种药液，都要在室外进行。

养花小贴士：如何做好仙人掌的“春天出室”工作？

仙人掌养护还需注意“春天出室”这一关。春天时暖时冷，气候多变，仙人掌盆栽不要过早出室，更不要在早春浇水，一定要到谷雨前后，气温稳定了，再搬至室外，进行正常的养护。

93. 虎耳草的栽培与养护

虎耳草又叫金丝荷叶、金线吊芙蓉、石荷叶、金丝草、人字草、雪之下、耳聋草、痛耳草、矮虎耳草、狮子耳，为虎耳草科、虎耳草属多年生常绿草本植物。花白色，花期4～8月。常见栽培品种有三色虎耳草、红叶虎耳草、红斑虎耳草等。

（1）栽培要点

①习性：虎耳草喜半阴、凉爽、空气湿度高、排水良好的环境，耐寒，5℃左右未见受害。但三色虎耳草不耐寒，越冬最低温度应在15℃。不耐高温干燥。对土壤要求不高，但在疏松而排水良好的土壤中生长良好。

②光照：虎耳草一年四季均需进行遮阴，遮去光照的50%左右，或将植株置于散射光充足处。虽然虎耳草具有极强的耐阴性，但也不宜过于荫蔽，特别是三色虎耳草，在光照不足时，叶面上美丽的斑纹会褪去。

③温度：家庭养虎耳草，冬季应将植株移入室内，并维持5℃以上的温度；花叶品种的虎耳草耐寒力较差，安全越冬温度为15℃。畏酷热天气，当气温超过30℃且盆土湿度大时，匍匐茎易受热腐烂，应加强通风和控制浇水，使盆土稍干燥而不能过湿。

④土壤：虎耳草对盆土要求不高，可以选用草炭土2份、河沙1份混合配制，加入适量的基肥作底肥。

（2）养护管理

①浇水：春、秋生长旺盛时期，盆土宜湿不宜干，过干时叶片会很快凋萎。所以应给予充足水分，以保持盆土湿润而不干燥，只要不积水和涝湿便可。夏季与冬季要控制浇水，保持盆土较为干燥的状态。5～6月开花后会有一个短暂的休眠期，应在开花后的2周内适当减少浇水量，只需保持较高的

空气相对湿度，否则植株易腐烂。

②施肥：生长期间每月追施1～2次以氮为主的稀薄肥料。施肥不宜浓，否则植株易受害死亡。同时避免肥液沾污叶片。叶片上有色彩斑纹的种类，要注意增施磷钾肥，以使其色彩亮丽。入秋后，虽然虎耳草恢复了旺盛的生长，但要停施氮肥，追施2次磷钾肥，以提高植株的抗寒能力。夏季及冬季应停止施肥。

③修剪：由于虎耳草的叶片寿命不长，常会随着新叶的生长而枯萎，应及时剪去枯黄的老叶。生长多年而株形松散的虎耳草要淘汰更新。若需在山石上配植，宜见大叶便剪，可愈剪愈小，能使其长得不足蚕豆瓣大。

④繁殖：虎耳草的繁殖方式为分株、播种。分株繁殖在4～6月或秋季进行。将老株脱盆后分切成数株，然后分别栽养。老的植株能从基部长出长丝状的赤紫色匍匐茎，茎端会生长幼苗，待匍匐茎上的幼苗长至一定大小时剪下栽植，极易成活，2周左右即可恢复生长。播种繁殖在3～4月进行，播后覆土1～2厘米，保持湿润，发芽适温为13～18℃，约半个月后出苗。但种子不易采得。

⑤病虫害防治：虎耳草常有白粉病、叶斑病、灰霉病和蚜虫、红蜘蛛等病虫危害，如有发现，须及时防治。

养花小贴士：如何培养多枝悬吊的虎耳草？

可选用口径12厘米花盆，每盆栽2～3株苗，加强水肥管理，促使小苗多发垂丝，多长萌苗。当小萌苗长大后，要将它们均匀分布在盆沿四周，使之悬垂在盆沿下。此时只要生长环境适宜，多枝悬吊的虎耳草就可培养成功。

94. 朱蕉的栽培与养护

朱蕉又名朱竹、红叶铁树，是原产于我国南部和越南、印度等地的常绿灌木。株高可达3米，单秆或少分枝。叶披针状椭圆至矩圆形，聚生于茎顶，长25～50厘米，宽5～10厘米，绿色或带紫红色；叶柄有槽，长10～30厘米，基部变宽，抱茎。圆锥花序着生于上部叶腋，花形小，淡红色或紫色，少有淡黄色，花期从春至夏。南方地区可露地栽培，北方地区多盆栽观赏，由于品种繁多，色彩各异，风格迥然不同。如宽叶朱蕉、五彩朱蕉、三色朱蕉、缟叶竹蕉等。其茎干挺拔、叶色斑斓、适应性强，所以常成为家庭或单位绿化美化之选。

（1）栽培要点

①习性：朱蕉喜高温多湿气候，属半荫植物，不能忍受北方地区烈日暴晒，但完全蔽放置阴凉处叶片又易发黄，不耐寒，除广东、广西、福建等地外，均只宜置于温室内盆栽观赏，广泛栽种于亚洲温暖地区。要求富含腐殖质和排水良好的酸性土壤，忌碱土，植于碱性土壤中叶片易黄，新叶失色，不耐旱。

②光照：朱蕉在光照充足且多湿的条件下生长旺盛，不可置于荫蔽处，否则不仅叶色变淡，而且生长出来的叶片易倒伏。室内宜放置在窗口附近光线充足的地方，切忌过阴，以半阴的环境较为合适。但在夏季光照强烈时，需要遮阳50％，以防叶片被灼伤。

③温度：朱蕉的生长适温为20～25℃，夏季白天可25～30℃，冬季夜间温度宜7～10℃。不能低于4℃，个别品种能耐0℃低温。

④土壤：朱蕉盆栽用土要求疏松，可用腐叶土或泥炭土、园土和河沙等量混合并加少量干畜粪作培养基质。

（2）养护管理

①浇水：5～9月为其生长旺盛期，需要浇水保持盆土湿润。浇水一般需要在夏季保持盆土湿润，其他季节盆土表面干燥时浇透即可。夏季高温暴雨时，防止盆内积水，需及时用竹签在盆内打孔排水。秋季应减少浇水量，保持盆土适当干燥，待盆土稍干后再浇水。冬季应减少浇水，以偏干保暖为好，低温和盆土潮湿往往容易造成烂根。冬季如果温度低，则需要盆土干燥后再浇透水。

②施肥：在5～9月，朱蕉需要大量以氮肥为主的肥料，肥料不足容易出现老叶脱落、新叶变小的现象。可每半月浇灌1次腐熟的液肥。对彩叶品种，可提高磷、钾肥的施用量，减少氮肥的施用量，能明显提高叶色鲜艳度。

③修剪：朱蕉比较耐修剪，如果叶片有枯黄时，要及时修剪掉全叶或半叶。

④繁殖：朱蕉可用播种、扦插、压条和分根养殖，但常用的是扦插和分根。朱蕉茎叶易生不定芽，芽长3～5厘米时即可切取扦插，极易成活。茎梢也可切取扦插。扦插亦可采用埋干法。切取成熟枝条5～10厘米，至少有3个茎节，并剪去叶子，横埋入沙中，保持湿润，1个月后生根。扦插基质以泥炭与河沙混合为宜，温度为21～25℃。栽培数年的老株，下部叶片脱落，观赏效果不佳，春天气温回升后，可剪去顶芽，枝干基部将萌发很多分蘖，1年后即可作养殖材料。

⑤病虫害防治：主要有炭疽病和叶斑病危害，可用10%抗菌剂401醋酸溶液1000倍液喷洒。发生介壳虫危害叶片，用40%氧化乐果乳油1000倍液喷杀。

养花小贴士：朱蕉枝干下部叶片脱落怎么办？

朱蕉若枝干生长过高，下部的叶片又脱落时，可短截复壮。方法是在距盆土10～15厘米的位置短截，短截后的枝干还可用于扦插繁殖。短截后的植株需要控制浇水的次数。并用薄肥水代替清水浇灌盆土，特别是在新枝生长出来时，要加大肥水的浓度，以保证发育健壮。

95. 散尾葵的栽培与养护

散尾葵，又名黄椰子、紫葵。棕榈科、散尾葵属丛生常绿灌木或小乔木。原产于马达加斯加，现在我国南方一些园林单位常见栽培。茎干光滑，黄绿色，无毛刺，嫩时披蜡粉，上有明显叶痕，纹状呈环。叶面滑细长，羽状复叶，全裂，长40～150厘米，叶柄稍弯曲，先端柔软。由于其耐阴的特质和秀美的株形，在华南地区多作为庭院或室内的栽种植物，以供观赏。散尾葵除了具有较高的观赏价值外，还可净化室内的空气。

（1）栽培要点

①习性：散尾葵喜温暖、湿润、半阴且通风良好的环境，不耐寒，较耐阴，畏烈日，喜富含腐殖质、疏松肥沃的土壤。

②光照：散尾葵对光线要求不高，喜欢阳光充足，也耐半阴，但光照充足时生长得更好。散尾葵在5～9月间喜半阴的环境，阳光直射时会导致叶片发黄和焦尖、焦边等现象。因此，在此期间应将其置于阴棚或大树底下，避免阳光直射。

③温度：散尾葵最适宜的生长温度为18～30℃；怕寒冷，怕强光暴晒，以免灼伤叶片。由于它原产于热带地区，喜欢高温环境，对冬季的温度的要求很严，当低于10℃时生长缓慢，并开始进入半休眠或休眠状态；当低于5℃时就不能安全越冬；在夏季，当温度高达35℃以上时也能忍受，但会暂时阻碍生长。

④土壤：散尾葵盆土可用4份园土、4份腐叶土和2份素沙混合配制。

（2）养护管理

①浇水：散尾葵的浇水应根据季节遵循“干透湿透”的原则，干燥炎热的季节适当多浇，低温阴雨则控制浇水。夏秋高温期，还需经常保持植株周

围有较高的空气湿度，但切忌盆土积水，以避免引起烂根。在生长季节，要经常保持盆土湿润以及植株周围较高的空气湿度。此外，冬季应保持叶面清洁，可经常向叶面少量喷水或擦洗叶面。

②施肥：散尾葵喜肥，5～10月是散尾葵生长旺盛期，必须提供比较充足的水肥条件。一般每1～2周施1次腐熟液肥或复合肥，可促进植株旺盛生长，且叶色浓绿；而秋冬季可少施肥或不施肥，同时保持盆土干湿状态。

③修剪：在冬季植株进入休眠或半休眠期，要把瘦弱、病虫、枯死、过密等枝条剪掉。

④繁殖：散尾葵常用分株繁殖。在4月左右，结合换盆进行。选基部分蘖多的植株，先去掉部分旧盆土，再以利刀从基部连接处将其分割成数丛。每丛不宜太小，须有2～3株，而且要保留好根系，否则会导致分株后生长缓慢，且影响观赏。在分栽后置于较高温湿润的环境中，经常喷水，可利于其恢复生长。

⑤病虫害防治：散尾葵一般很少有病虫害，但偶有介壳虫为害，若发现应尽快清除。数量少时，可用人工刷除；数量多时，可用氧化乐果1000倍液喷洒防治。

养花小贴士：散尾葵叶片向下披散的解决办法

散尾葵叶片向下披散，其主要原因一般如下。

(1) 过旱：植物的叶片靠水分保持正常的伸展角度，过干时叶片就会萎蔫下垂，但浇水后便可恢复原来状态。

(2) 过阴：光照不足时，会造成植株的生长势变弱，同时出现叶片向下披散等情况，应移至光照理想处护养或增加人工补光。

(3) 低温：当气温低于植物的安全越冬温度时，叶片会萎蔫不振且向下披散，但移至温暖处时便可恢复原状。

(4) 施肥：氮肥施用过度的情况下，会引起叶片的弓垂。应控制氮肥施用量，并适当增施磷钾肥。

96. 发财树的栽培与养护

发财树，又称瓜栗、中美木棉、鹅掌钱，属于常绿乔木，原产地是马来西亚半岛及南洋群岛一带。其姿态优美，叶冠雄伟，叶色常绿，摆放于客厅，既典雅大方，又招人喜爱，曾被联合国环保组织评为世界十大室内观赏花卉之一。发财树还具有净化空气的能力，主要吸收硫、苯等有害气体。

（1）栽培要点

①习性：发财树一般在4～5月开花，9～10月结果。发财树喜高温高湿气候，耐水湿，耐寒力差，一般在5～6℃的低温会冻伤，最适生长温度是20～30℃。发财树喜欢肥沃的松土、酸性土，对碱性土非常敏感。

②光照：发财树是阳性植物，耐阴性很强，因此，可摆放在室内光线弱的地方，摆放2～4周后，再放回光线强的地方，植株也不会受到损害。

③温度：发财树在生长期，非常喜欢高温的天气。当冬季温度低于16～18℃时，植株的叶片就会变黄脱落，温度不能低于10℃，否则植株会死亡。

④土壤：发财树盆栽养护比较简单，一般采用疏松菜园土或泥炭土、腐叶土、粗沙，再加少量复合肥或鸡屎作基肥、培养土。

（2）养护管理

①浇水：发财树如水量少，枝叶发育停滞；如水量过大，可能招致烂根死亡；水量适度，则枝叶肥大，浇水的首要原则是“宁湿勿干”，其次是“两多两少”，即夏天高温季节浇水要多，冬季浇水要少；生长旺盛的大中型植株浇水要多，新分栽入盆的小型植株浇水要少。浇水量过大时，易使植株烂根，导致叶片下垂，失去光泽，甚至脱落。此时，应立即将其移至阴凉处，浇水量减至最少，只要盆土不干即可，每天用喷壶对叶面多次喷水，停止施肥水，

大约15～20天就可逐渐缓过来。

②施肥：发财树是喜肥花卉，对肥料的需求量大于其他常见花卉。每年换盆时，肥土的比例可占1/3，甚至更多。肥土的来源广泛，可收集阔叶树落叶腐殖土，再加少许田园土和杂骨末、豆饼渣混合配制。这样的肥土效力高，方便易得，但需注意充分腐熟，以免将叶片"烧"黄。另外，在发财树生长期，即每年的5～9月，每间隔15天，就可施用1次腐熟的液肥或混合型育花肥，可促进根深叶茂。

③修剪：发财树生长较快，每年可生长40～60厘米，且顶端优势明显，枝条过长有碍观赏，应采取摘心或短截，促发分枝，促进茎基部膨大，每年春天进行一次修剪，疏去细枝、弱枝、密枝，将一年生枝条短截至适当高度，从而形成一个圆整优美、高度适宜的树冠。

④繁殖：发财树多用播种繁殖，也可采用扦插繁殖。播种宜选用新鲜种子，在秋天成熟后采摘，将种壳去除随即播种。播种后覆盖约2厘米厚的细土，接着放置半阴处，保持湿润，播后大约7天左右就可发芽。发芽温度为22～26℃。等苗长至25厘米左右可间密留疏，使树苗均匀生长。在春季也可利用植株截顶时剪下枝条，扦插在砂石或粗沙中，保持一定湿度，大约30天左右就可生根，但扦插基部难以形成膨大根茎，自然观赏价值不如播种苗高。

⑤病虫害防治：发财树的病害主要在根腐叶枯方面，根腐是严重又常见的病害，又称为腐烂病。预防和治理的办法是要保持栽培环境的干爽，预防灰霉病菌的危害；在栽种前剪除掉主根顶部的腐烂组织，然后晾干伤口后再栽植；若发现腐霉病菌活跃，应及时用普力克、土菌灵、雷多米尔等药物喷洒；发现部分溃烂的植株，应立即丢弃。叶枯发黄也是发财树养殖过程中容易出现的问题，如果发现叶枯和病叶应及时摘除销毁，并在发财树的养殖过程中加强管理养护，适时浇水施肥。

养花小贴士：发财树编辫造型方法

发财树长至2米左右时，约在1.2～1.5米处截去上部，让其成光杆，接着将其挖出，放在半阴凉处让其自然晾干1～2天，使树干变得柔软而易于弯曲。然后，用绳子捆扎紧同样粗度和高度的若干植株基部，将其茎干编成辫状，放倒在地上，用重物如石头、铁块压实，固定形态，用铁线扎紧固定成直立辫状形。等编好后将植株继续种于地上，加强肥水管理，尤其追施磷钾肥，使茎干生长粗壮，辫状充实整齐一致；也可直接上盆种植，让其长枝叶。

97. 富贵竹的栽培与养护

富贵竹，别名万寿竹、开运竹等，是龙舌兰科香龙血树属多年生常绿草本。株高可达1.5～2.5米，如作商品观赏，栽培高度以80～100厘米为宜，多栽培于园圃中，喜阴湿，茎叶肥厚，其品种有绿叶、绿叶白边（称银边）、绿叶黄边（称金边）、绿叶银心（称银心），主要作盆栽观赏植物，茎节貌似竹节却非竹。中国有“花开富贵，竹报平安”的祝词，故而得人们喜爱。

（1）栽培要点

①习性：富贵竹喜阴湿高温，耐阴、耐涝，耐肥力强，抗寒力强；喜半阴的环境，适宜生长于排水良好的砂质土或半泥沙及冲积层黏土中。

②光照：富贵竹对光照要求不高，适宜在明亮散射光下生长，光照过强、暴晒会引起叶片变黄、褪绿、生长慢等现象。

③温度：富贵竹适宜生长温度为20～28℃，可耐2～3℃低温，不过冬季要防霜冻。夏秋季是高温多湿季节，对富贵竹生长十分有利，是其生长最佳时期。

④土壤：富贵竹盆栽可用腐叶土、菜园土和河沙等混合种植，也可用椰糠和腐叶土、煤渣灰加少量鸡粪、花生麸、复合肥混合作培养土。

（2）养护管理

①浇水：夏季每天喷水1次，洗净叶面灰尘，以提高湿度；平时喜湿润，生长季节应保持土壤湿润，并常向叶面喷水或洒水，以增加空气的湿度；但水多会徒长，影响美观，一般保持土壤湿润即可。

②施肥：富贵竹生根后要及时施入少量复合化肥，则叶片油绿，枝干粗壮。如果长期不施肥，植株生长瘦弱，叶色容易发黄。不过施肥不能过多，以免造成“烧根”或引起徒长。在春秋两季每个月施1次复合化肥即可。

③修剪：培植一段时间后，富贵竹的底端会生根，当根太多时，要进行修剪，但其实这些根对富贵竹生长作用影响不大，剪除老根更有利生长。

④繁殖：富贵竹长势、发根长芽力强。因此，常采用扦插繁殖，只要气温适宜，整年都可进行。一般剪取不带叶的茎段作插穗，长约 5～10 厘米，最好有 3 个节间，然后插于沙床中或半泥沙土中。在南方春、秋季一般 25～30 天可萌生根、芽，35 天便可上盘。另外，水插也可生根，还可进行无土栽培。

⑤病虫害防治：富贵竹常见有叶斑病、茎腐病和根腐病危害，可用 100 倍波尔多液喷洒多次。虫害有蓟马和介壳虫危害，用 50％氧化乐果乳油 1000 倍液喷洒。

养花小贴士：如何为富贵竹造型？

富贵竹具有“吉祥”的意思，无论送人或是自己观赏，都是美的享受，还可以根据喜好，为其造型。

(1) 宝塔形：富贵竹生长强健，生命力强，繁殖力强，而且管理容易，根据这些特点，采用大量繁殖新竹，截取众多长短不同的茎干组成宝塔，每条茎干的上端必须带笋，要保留芽眼，使每层宝塔的顶端能长芽和生长枝叶，以形成新的活的宝塔。

(2) 瓶式盆景：截取富贵竹茎尾长大约 20 厘米，扦插在花瓶或挂瓶中，然后放水深 5 厘米，数天换水 1 次，平时可放在室内阴凉通风的几案上，经久可保持叶色翠绿，别有一番情趣。

(3) 绿色柱子：在厅堂屏风的两侧放置两盆富贵竹，若长期不移动不修剪，任其自由生长，使之扶摇直上，可长高 1 米以上，形成绿色的柱子。

(4) 丛林式盆景：新竹长大后可剪除老、弱、密竹，适当修剪整形，从而制成丛林式；定型后剥除竹干下层干枯杆和老叶，可看见青翠、明亮、富有光泽的竹节，与山石相互映衬，可提高观赏效果。

98. 佛手的栽培与养护

佛手又名五指橘、佛手柑，是产于我国南方的常绿小乔木或灌木。佛手的叶色泽苍翠，四季常青。花朵洁白、香气扑鼻，并且一簇一簇地开放，十分惹人喜爱。到了果实成熟期，果实色泽金黄，香气浓郁，它的形状犹如伸指形、握拳形、拳指形、手中套手形……状如人手，千姿百态，让人感觉妙趣横生。佛手谐音“福寿”，象征多福长寿，盆栽可放于厅堂或案头观赏。

（1）栽培要点

①习性：佛手喜温暖、湿润气候，耐寒性差，怕霜冻。在透气性良好、肥沃、疏松的酸性砂壤土中生长最佳。

②光照：佛手喜光，但不宜强光直射。

③温度：佛手喜温暖，其生长适温25～35℃，在暖房4℃以上可以越冬。

④土壤：盆土多采用风化后的塘泥土或腐叶土，也可用腐熟的鸡粪、园土、河沙，按4∶3∶3比例配制培养土。

（2）养护管理

①浇水：佛手喜水湿。夏季生长旺盛期要多浇水，同时及时喷水，以增加空气湿度。在冬季休眠期，要保持盆土湿润。开花结果初期，不宜浇水过多。

②施肥：佛手为喜肥植物。施肥可分4个阶段进行，在3月下旬到6月上旬，施1次稀薄肥；在6月中旬到7月中旬，可每3～5天施1次较浓的肥，最好多施磷钾肥；在7月下旬到9月下旬，可10天施1次肥，少施一些氮肥，多施钙、钾、磷复合肥；到10月以后，施稀薄人粪尿、腐熟厩肥、饼肥、焦泥灰复合肥，可恢复树势，保暖越冬。

③修剪：佛手粗生快长分枝多，必须每年进行合理修剪整形，以使树势

旺盛，促进结果枝分布均匀。在采果后和 3 月萌芽前进行修剪整形，剪去交叉枝、衰弱枝、徒长枝、病虫枝和枯枝。佛手的短枝大多是结果母枝，需尽量保留，凡是夏季生长的夏梢除个别为扩大树冠需要外，都应全部剪去。

④繁殖：佛手扦插、嫁接、高压繁殖均可。扦插时间在 6 月下旬到 7 月上、中旬，从健壮母株上剪取枝条为插穗，大约 1 个月可发根，2 个月发芽，发芽后即可定植；也可采用长枝扦插，取 3～4 年健壮枝条，剪成 50 厘米长作插穗。

⑤病虫害防治：佛手乃属甜汁性树种，香味较浓，容易诱集天牛和红蜘蛛，因此，在生长季节要做好红蜘蛛及天牛的防治，可用 1605 及三氯杀螨醇 1000～1500 倍液进行防治。对蛀干害虫天牛可用毒歼和药液注孔毒杀。对病害，开花后可用多菌灵和托布津进行防治，以提高花后坐果率。

养花小贴士：佛手为什么要疏花疏果？

佛手四季开花，且花量较大，为了减少养分的无效消耗，所以要疏花疏果。佛手只有春花结果最好，开花期内须将主干和大枝条上的春芽全部摘除，只留春花和春花果，其他季节的花蕾或小果随时疏去。粗壮的结果母枝，一般只留 2～6 朵春花，多余的花朵全部疏去。疏花宜在花蕾期进行，疏果宜在谢花后 20～30 天为宜。

99. 肾蕨的栽培与养护

肾蕨别名蜈蚣草、圆羊齿、野鸡毛山草、排骨草等，为骨碎补科肾蕨属多年生草本植物。广布于热带和亚热带地区，我国华南与西南地区有分布。其形态特征地下部具球状多汁的块茎。地上部有直而短的根状茎，生有多数匍匐根，叶簇生于茎端，一回羽状复叶，羽片整齐地排列于叶轴，易脱落，叶形多变化而优美，叶色鲜绿。孢子囊群生于叶背的叶脉分歧点上部。肾蕨的栽培品种较多，常见的有碎叶肾蕨、波士顿肾蕨、皱叶肾藤等。肾蕨主要用来盆栽观叶，点缀厅堂、书房，也可悬吊栽培。

（1）栽培要点

①习性：肾蕨喜温暖、湿润和半阴的环境，略耐寒，但不耐低温冰霜。在空气湿润的环境下生长会更旺盛。在强光直射下，叶色会转为灰绿色，缺乏光泽，无论是盆栽还是地栽，种植环境是栽培好肾蕨的主要因素。

②光照：忌阳光直射，否则会引起肾蕨的生理性病害，叶面出现大小不等的褐斑。冬季至翌年初春时期，要充分接受日照。另外，长期置于光线较弱的地方生长，每 2 周置于有自然光环境下管理，但要逐步见光，给予一个新环境的适应过程，否则叶子会脱落。

③温度：肾蕨生长适宜温度为 18～25℃。耐高温，对于盛夏 30℃的高温也能忍受，但需要注意环境通风良好。肾蕨在 5℃以上即可越冬。

④土壤：盆土一般用腐叶土或泥炭土加少量园土混合，亦可加入细沙和蛭石以增加透水性。作吊兰栽培时可用腐叶土和蛭石等量混合作培养土，重量较轻，适宜悬垂。家庭盆栽时，为了保持土壤的湿润，可向培养土中混入一些水苔、泥炭藓等，这对肾蕨的生长是非常有利的。

(2) 养护管理

①浇水：肾蕨喜湿润，不要让盆土完全干燥，叶子失水严重时很难恢复。平时盆土表面一干就浇水，空气干燥时要把花盆放在装有石子和水的浅碟上，并要经常向叶面喷水。冬季温度低时，待盆土七成干时再浇水。

②施肥：在肾蕨抽叶时，多施以氮为主的肥料，可使叶色娇艳。叶片伸展时，施以磷为主的液态肥，能有效提供能量转化，刺激植株快速生长。为提高植株抗病性，可在入秋后增施以钾为主的肥料。每次施肥的间隔不要太近，每月1～2次为好。当然，也可以用颗粒复合肥，直接撒于盆土表面。除此之外，北方地区水质偏碱，可在生长期浇灌硫酸亚铁溶液，浓度为0.5%。

③修剪：剪鲜叶的时间最好在清晨或傍晚。

④繁殖：肾蕨可用分株和孢子繁殖等方法，但生活中常用分株法繁殖。分株可结合春季翻盆换土时进行，直接将母株用手掰开后，以2～3丛为一株栽植于16厘米的盆器内，放置在半阴处，保持湿润度，有新叶抽出后就可正常管理。也可直接用利刀切下近圆形的块茎，再移栽到花盆中。

⑤病虫害防治：室内栽培时，如通风不好，易遭受蚜虫和红蜘蛛危害，可用肥皂水或40%氧化乐果乳油1000倍液喷洒防治。在浇水过多或空气湿度过大时，肾蕨易发生生理性叶枯病，注意盆土不宜太湿，并用65%代森锌可湿性粉剂600倍液喷洒。

养花小贴士：肾蕨秋季管理要点

秋季气候干燥，需要经常浇水、洒水，保持盆土潮湿和较高的空气湿度，并每隔15～20天追施腐熟液肥1次。秋末随着气温的下降，可逐步增加早晚光照，逐渐减少浇水量，使盆土潮湿。

100. 鸟巢蕨的栽培与养护

鸟巢蕨别名巢蕨、山苏花，原产于亚洲热带及亚热带地区，为多年生草本花卉。鸟巢蕨为中型附生蕨，株形呈漏斗状或鸟巢状，株高60～120厘米。根状茎短而直立，柄粗壮而密生大团海绵状须根，能吸收大量水分。叶簇生，辐射状排列于根状茎顶部，中空如巢形结构，能收集落叶及鸟粪；革质叶阔披针形，长100厘米左右，中部宽9～15厘米，两面滑润，叶脉两面稍隆起。孢子囊群长条形，生于叶背侧脉上侧达叶片的1/2。鸟巢蕨株型丰满、叶色葱绿光亮，潇洒大方，野味浓郁，深得人们的青睐。

（1）栽培要点

①习性：鸟巢蕨常附生于雨林或季雨林内树干上或林下岩石上。团集成丛的鸟巢能承接大量枯枝落叶、飞鸟粪便和雨水，这些物质转化为腐殖质，可作为自己的养分，同时还可为其他热带附生植物，如兰花和其他的热带附生蕨，提供定居的条件。其生态习性是喜高温湿润，不耐强光。

②光照：鸟巢蕨喜温暖、潮湿和较强散射光的半阴条件。

③温度：鸟巢蕨在高温多湿条件下终年可以生长，其生长最适温度为20～22℃，不耐寒，冬季越冬温度为5℃。

④土壤：由于鸟巢蕨是附生型蕨类，所以栽培时一般不能用普通的培养土，而要用蕨根、树皮块、苔藓、碎砖块拌和碎木屑、椰子糠等作为盆栽基质。

（2）养护管理

①浇水：春季和夏季的生长盛期需多浇水，并经常向叶面喷水，以保持叶面光洁。一般空气湿度以保持70%～80%较适宜。但浇水时也要注意盆中不可积水，否则容易烂根致死。